W0268047

# uni—texte

## Lehrbücher

G. M. Barrow, Physikalische Chemie I, II, III
W. L. Bontsch-Brujewitsch / I. P. Swjagin / I. W. Karpenko / A. G. Mironow, Aufgabensammlung zur Halbleiterphysik
W. Czech, Übungsaufgaben aus der Experimentalphysik
H. Dallmann / K.-H. Elster, Einführung in die höhere Mathematik
M. Denis-Papin / G. Cullmann, Übungsaufgaben zur Informationstheorie
P. B. Dorain, Symmetrie und anorganische Strukturchemie
M. J. S. Dewar, Einführung in die moderne Chemie
N. W. Efimow, Höhere Geometrie I, II
A. P. French, Spezielle Relativitätstheorie
D. Geist, Halbleiterphysik I, II
W. L. Ginsburg / L. M. Levin / S. P. Strelkow, Aufgabensammlung der Physik I
P. Guillery, Werkstoffkunde für Elektroingenieure
E. Hàla / T. Boublik, Einführung in die statistische Thermodynamik
J. G. Holbrook, Laplace-Transformationen
I. E. Irodov, Aufgaben zur Atom- und Kernphysik
S. G. Krein / V. N. Uschakowa, Vorstufe zur höheren Mathematik
H. Lau / W. Hardt, Energieverteilung
R. Ludwig, Methoden der Fehler- und Ausgleichsrechnung
E. Meyer / E.-G. Neumann, Physikalische und technische Akustik
E. Meyer / R. Pottel, Physikalische Grundlagen der Hochfrequenztechnik
E. Poulsen Nautrup, Grundpraktikum der organischen Chemie
L. Prandtl / K. Oswatitsch / K. Wieghardt, Führer durch die Strömungslehre
W. Rieder, Plasma und Lichtbogen
J. Ruge, Technologie der Werkstoffe
H. Sachsse, Einführung in die Kybernetik
H. Seiffert, Einführung in das wissenschaftliche Arbeiten
F. G. Taegen, Einführung in die Theorie der elektrischen Maschinen I, II
W. Tutschke, Grundlagen der Funktionentheorie
W. Tutschke, Grundlagen der reellen Analysis I, II
H.-G. Unger, Elektromagnetische Wellen I, II
H.-G. Unger, Quantenelektronik
H.-G. Unger, Theorie der Leitungen
H.-G. Unger / W. Schultz, Elektronische Bauelemente und Netzwerke I, II
W. Wuest, Strömungsmeßtechnik

## Skripten

J. Behne / W. Muschik / M. Päsler,
Ringvorlesung zur Theoretischen Physik, Theorie der Elektrizität
O. Hittmair / G. Adam,
Ringvorlesung zur Theoretischen Physik, Wärmetheorie
H. Jordan / M. Weis, Asynchronmaschinen
H. Jordan / M. Weis, Synchronmaschinen I, II
G. Lamprecht, Einführung in die Programmiersprache FORTRAN IV
E. Macherauch, Praktikum in Werkstoffkunde
W. Schultz, Einführung in die Quantenmechanik
W. Schultz, Dielektrische und magnetische Eigenschaften der Werkstoffe

Ernst-Ulrich Schlünder

# Einführung in die Wärme- und Stoffübertragung

Skriptum für
Maschinenbauer, Verfahrenstechniker,
Chemie-Ingenieure, Chemiker, Physiker
ab 4. Semester

Mit 66 Bildern

Springer Fachmedien Wiesbaden GmbH

uni–text

Prof. Dr.-Ing. E. U. Schlünder
ist Leiter des Instituts für Thermische
Verfahrenstechnik an der Universität Karlsruhe

**Literatur**

*Gröber/Erk/Grigull, U.:* Die Grundgesetze der Wärmeübertragung; 3. Neudruck, Springer-Verlag 1963.

*Carslaw, H. S.* und *Jaeger, J. C.:* Conduction of Heat in Solids, 2. edition, Oxford University Press.

*Krischer, O.:* Die wissenschaftlichen Grundlagen der Trocknungstechnik, 2. Auflage, Springer-Verl 1963.

*Bird, R. B., Stewart, W. E., Lightfoot, E. N.:* Transport Phenomena; Verlag John Wiley, New York 1965.

*Reid, R. C., Sherwood, T. K.:* The properties of Gases and Liquids; Verlag Mc Graw-Hill Book Company, New York.

VDI-Wärmeatlas, VDI-Verlag Düsseldorf, 1963.

*Schlichting, H.:* Grenzschichttheorie, 5. Auflage, Verlag G. Braun, Karlsruhe 1965.

*Chawla, J. M.:* VDI-Forschungsheft Nr. 523.

ISBN 978-3-528-03314-9 ISBN 978-3-322-85540-4 (eBook)
DOI 10.1007/978-3-322-85540-4

Verlagsredaktion: *Alfred Schubert*

1972

## Vorwort

Die Vorlesung „Wärme- und Stoffübertragung I" ist eine Einführung in dieses Fachgebiet. Sie ist dem Umfang nach für eine Vorlesung von 4 Wochenstunden konzipiert, wobei in dieser Zeit die Übungsstunden enthalten sind. Die Übungen sollten etwa 30 % bis 50 % der insgesamt zur Verfügung stehenden Zeit ausmachen. Es ist vorgesehen, demnächst eine dem Vorlesungsskriptum angepaßte Aufgabensammlung herauszugeben.

Die Vorlesung „Wärme- und Stoffübertragung I" verfolgt zwei Ziele. Einmal soll sie demjenigen, der im Rahmen seines Studiums nur diese eine Vorlesung über dieses Fachgebiet hört, ein soweit abgeschlossenes Wissen vermitteln, daß er damit einfache praktische Probleme lösen kann.

Zum anderen soll aus der Vorlesung verständlich werden, wie man von einer bestimmten Fragestellung zu einer bestimmten Lösung kommt.

Die erste Forderung verlangt Vollständigkeit, die zweite Ausführlichkeit. Beide Forderungen sind in Anbetracht der begrenzten Vorlesungszeit nicht in vollem Umfang zu erfüllen.

Die Bemühungen, einen Kompromiß zu finden, führten dazu, schwierigere mathematische Ableitungen völlig wegzulassen. Wird z.B. ein Problem durch eine partielle Differentialgleichung beschrieben, so wird nur die Aufstellung dieser Gleichung, d.h. die Übersetzung des physikalischen Sachverhaltes in die Sprache der Mathematik, nicht aber die formale Auflösung dieser Gleichung ausführlicher behandelt. Daneben wird dann das Endergebnis der formalen Auflösung mitgeteilt, da dieses ja für die Behandlung praktischer Probleme benötigt wird.

Ein solches Vorgehen ist vom Standpunkt der akademischen Lehre aus gesehen nicht sehr befriedigend und – abgesehen von dem äußeren Zwang, die Studienzeit zu verkürzen – nur dadurch zu rechtfertigen, daß für denjenigen, der das Fachgebiet in wissenschaftlichem Sinne studieren will, eine weitere Vorlesung „Wärme- und Stoffübertragung II" angeboten wird, in der die in dieser einführenden Vorlesung notwendigerweise enthaltenen inhaltlichen wie methodischen Lücken geschlossen werden. Eine solche vertiefende Vorlesung wird in Kürze erscheinen.

Prof. Dr. *E. U. Schlünder*

Karlsruhe, im Januar 1972

## Inhaltsübersicht

# 1. Einführung in die Lehre von der Wärme- und Stoffübertragung

## 1.1 Wärmeübertragung durch Kontakt

Bringt man zwei Körper mit den Temperaturen $\vartheta_1$ und $\vartheta_2$ miteinander in Kontakt, so fließt solange Wärme vom heißeren in den kälteren Körper, bis die beiden Temperaturen ausgeglichen sind. Die Ausgleichstemperatur $\vartheta_\infty$ läßt sich mit Hilfe des 1. Hauptsatzes der Thermodynamik berechnen:

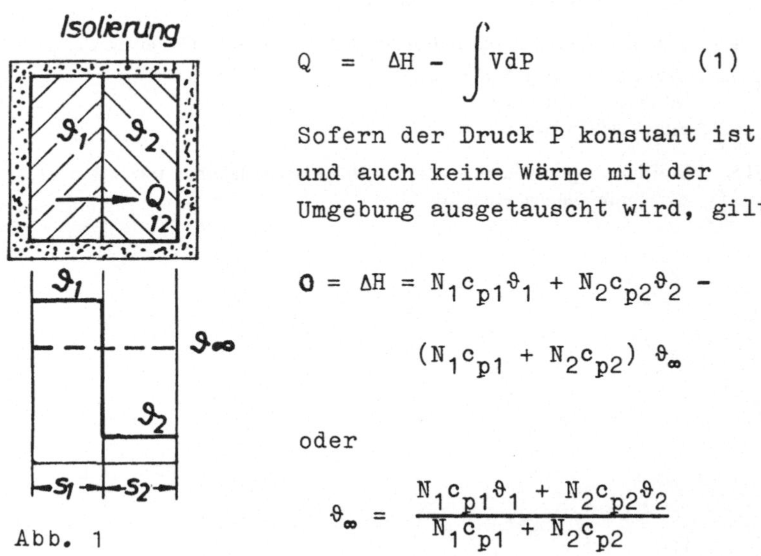


Abb. 1

$$Q = \Delta H - \int V dP \qquad (1)$$

Sofern der Druck P konstant ist und auch keine Wärme mit der Umgebung ausgetauscht wird, gilt

$$0 = \Delta H = N_1 c_{p1} \vartheta_1 + N_2 c_{p2} \vartheta_2 - (N_1 c_{p1} + N_2 c_{p2})\, \vartheta_\infty$$

oder

$$\vartheta_\infty = \frac{N_1 c_{p1} \vartheta_1 + N_2 c_{p2} \vartheta_2}{N_1 c_{p1} + N_2 c_{p2}}$$

N ist die Masse und $c_p$ die spezifische Wärme bei konstantem Druck.

Der 1. Hauptsatz sagt in dieser Form jedoch nichts darüber aus, <u>wann</u> die Temperatur $\vartheta_\infty$ erreicht sein wird.

Wenn wir den 1. Hauptsatz auf jeden der beiden Körper anwende und nach der Zeit ableiten, so lautet er

$$\frac{dQ_{12}}{dt} = - \frac{dH_1}{dt} = + \frac{dH_2}{dt} . \quad (3)$$

$$\frac{dQ_{12}}{dt} = \dot{Q} \ [kJ/h] \quad (4)$$

nennen wir den Wärmefluß. Bezieht man den Wärmefluß auf die Kontaktfläche zwischen den beiden Körpern, so erhält man die Wärmeflußdichte

$$\dot{q} = \frac{\dot{Q}}{A} \ [kJ/m^2h] \quad (5)$$

Aus Gleichung 5 und 3 folgt, wenn s die Plattendicke und $\rho$ die Dichte ist:

$$\dot{q} = - s_1 \rho_1 c_{p1} \frac{d\vartheta_1}{dt} \quad (6\ a)$$

$$\dot{q} = s_2 \rho_2 c_{p2} \frac{d\vartheta_2}{dt} \quad (6\ b)$$

In dieser Form liefert der 1. Hauptsatz die Grundgleichung zur Ermittlung des zeitlichen Temperaturverlaufes der beiden Körper $\vartheta_1 = \vartheta_1$ (t) und $\vartheta_2 = \vartheta_2$ (t).

Indessen kann die Gl. 6 nur dann gelöst (integriert) werden, wenn bekannt ist, von welchen Größen die Wärmeflußdichte $\dot{q}$ abhängt und welche gesetzmäßige Form diese Abhängigkeit hat.

Die Bestimmung der Gesetzmäßigkeiten, nach denen die Wärmeflußdichte $\dot{q}$ - wo immer sie auftritt - von äußeren Einflußgrößen abhängt, ist Gegenstand der Lehre von der Wärmeübertragung.

Isaac Newton publizierte 1701 in den Philosophical Transactions of the Royal Society die Beobachtung, daß die

Temperaturänderung eines Körpers $\frac{d\vartheta_1}{dt}$ und damit nach Gleichung 6 auch die Wärmeflußdichte etwa dem Temperaturunterschied zum angrenzenden Körper $\vartheta_1 - \vartheta_2$ proportional sei:

$$\dot{q} = \frac{1}{2} \alpha (\vartheta_1 - \vartheta_2) \tag{7}$$

Den Proportionalitätsfaktor $\alpha$ [$kJ/m^2h\ ^oC$] nennt man den Wärmeübergangskoeffizienten.

Wählen wir in unserem Beispiel gleiche Plattendicken und gleiches Material, so folgt aus der Addition der Gleichungen 6 a und 6 b:

$$2\dot{q} = - s \rho c_p \frac{d(\vartheta_1 - \vartheta_2)}{dt} \tag{6 c}$$

Ersetzt man hierin $\dot{q}$ nach Gl. 7 und integriert, so erhält man:

$$\frac{\vartheta_1 - \vartheta_2}{\vartheta_1\ (t=o) - \vartheta_2\ (t=o)} = e^{-\frac{\alpha}{s \rho c_p} \cdot t} \tag{8}$$

Ein solches logarithmisches Temperaturausgleichsgesetz, wie es die GLeichung 8 darstellt, ist in der Natur zumindest näherungsweise sehr häufig anzutreffen.

Indessen stellt man bei genaueren Beobachtungen fest, daß es keineswegs allgemein gilt. Auch für unser Beispiel würde man es im Experiment nur bestätigt finden, wenn die Kontaktzeit hinreichend lang ist. Für sehr kurze Kontaktzeiten gilt dieses Gesetz ganz und gar nicht. Hier würde man vielmehr finden, daß sich die Temperaturen nicht mit einer Zeitfunktion vom Typ $e^{-t}$, sondern mit einer solchen vom Typ $-\sqrt{t}$ ändern.

Demnach kann der Wärmeübergangskoeffizient $\alpha$ nicht konstant sein, sondern muß in irgend einer Weise von der Kontaktzeit abhängen.

Das Problem ist offensichtlich komplizierter als Isaac Newton zunächst vermutet hatte. Da wir nun wissen, daß der Wärmeübergangskoeffizient im allgemeinen eine Zeitfunktion sein kann, ändern wir unsere Versuchsapparatur nach Abb. 1 derart ab, daß zwar ein Wärmefluß $\dot{Q}$ vorhanden ist, die Temperaturen in dieser Anordnung jedoch sämtlich zeitlich invariant sind. Wir können dies erreichen, wenn wir den Versuchskörper auf der einen Seite mit kochendem Wasser, auf der anderen mit schmelzendem Eis in Kontakt bringen, wie es Abb. 2 zeigt.

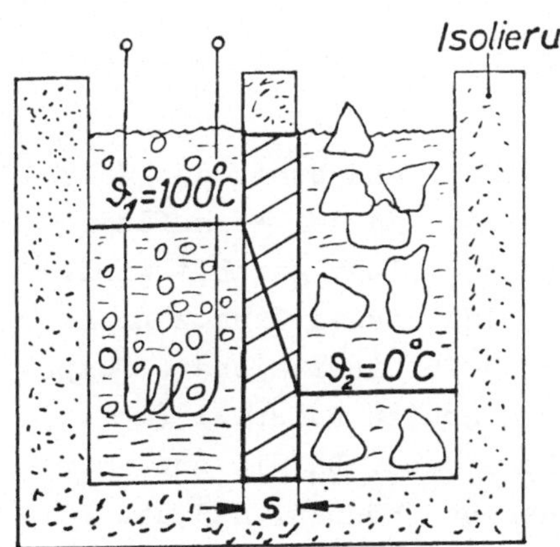


Abb. 2

Beträgt die Eismenge $N_2$, so gilt, wenn $\Delta h_2$ die Schmelzwärme des Eises ist:

$$\dot{Q} = - \Delta h_2 \frac{dN_2}{dt} \qquad (9)$$

Außerdem ist

$$\dot{Q} = \alpha A \, (\vartheta_1 - \vartheta_2) \qquad (10)$$

woraus die Bestimmungsgleichung

$$\alpha = \frac{- \Delta h_2 \frac{dN_2}{dt}}{A \, (\vartheta_1 - \vartheta_2)} \qquad (11)$$

folgt. Setzt man in die Apparatur Platten verschiedener Dicke s ein, so findet man, daß die Gewichtsabnahme des Eises $\frac{dN_2}{dt}$ und damit der Wärmeübergangskoeffizient $\alpha$ der jeweiligen Plattendicke umgekehrt proportional ist:

$$\alpha = \frac{const}{s} \qquad (12)$$

Die Konstante in der Gleichung 12 nennt man die Wärmeleitfähigkeit $\lambda$. Sie ist ausschließlich eine Eigenschaft des Plattenmaterials. Somit lautet die Grundgleichung der Wärmeübertragung durch ebene Platten, deren Oberflächentemperaturen zeitlich konstant gehalten werden:

$$\dot{Q} = \frac{\lambda}{s} A (\vartheta_1 - \vartheta_2) \tag{13}$$

Es war nun Jean Baptiste Joseph Fourier, der in seinem 1822 erschienenen Buch "Theorie analytique de la chaleur" die Hypothese aufstellte, daß der Wärmefluß $\dot{Q}$ in Gl. 13 unverändert bleibt, wenn sowohl der Temperaturunterschied $(\vartheta_1 - \vartheta_2)$ als auch die Plattendicke s infinitesimal klein werden:

$$\dot{q} = - \lambda \frac{\partial \vartheta}{\partial s} \tag{14}$$

Gleichung 14 ist das Fourier'sche Grundgesetz der Wärmeleitung. (Das Minuszeichen besagt, daß der Wärmefluß $\dot{q}$ in Richtung fallender Temperatur positiv gezählt wird.) Fourier nahm nun weiterhin an, daß dieses Gesetz nicht nur für stationäre, sondern auch für instationäre Temperaturfelder, die wir in unserem ersten Beispiel (Abb.1) kennengelernt hatten, Gültigkeit habe. Da wir nun in solchen Fällen nicht davon ausgehen können, daß die Temperatur im Innern des Körpers zu jeder Zeit an allen Stellen gleich groß ist, dürfen wir den 1. Hauptsatz der Thermodynamik nicht auf den ganzen Körper von der Dicke $s_1$ bzw. $s_2$, sondern nur auf einen dünnen Streifen von der Dicke ds anwenden.

So vorbereitet, kehren wir zu unserem ersten Problem zurück und schreiben an Stelle der Gleichung 6 a:

$$d\dot{q} = - \rho_1 \, c_{p1} \, \frac{\partial \vartheta_1}{dt} \, ds_1 \tag{15}$$

Eliminieren wir hier $d\dot{q}$ mit Hilfe des Fourier'schen Grundgesetzes nach Gleichung 14, die wir zu diesem Zweck nach $s_1$ ableiten:

$$d\dot{q} = - \lambda \frac{\partial^2 \vartheta_1}{\partial s_1^2} ds_1 \qquad (14\ a)$$

so erhalten wir die Differentialgleichung für die örtliche und zeitliche Temperaturverteilung im Innern des Körpers 1:

$$\lambda_1 \frac{\partial^2 \vartheta_1}{\partial s_1^2} = \rho_1 c_{p1} \frac{\partial \vartheta_1}{\partial t} \qquad (16\ a)$$

und analog für den Körper 2:

$$\lambda_2 \frac{\partial^2 \vartheta_2}{\partial s_2^2} = \rho_2 c_{p2} \frac{\partial \vartheta_2}{\partial t} \qquad (16\ b)$$

Aus der Lösung dieser Gleichungen, für die Fourier spezielle mathematische Methoden entwickelt hat, läßt sich nun der Wärmeübergangskoeffizient $\alpha$ in Gleichung 7 berechnen. Falls beide Körper aus dem gleichen Material hergestellt und auch gleich dick sind, erhält man für hinreichend lange Zeiten:

$$\alpha = \frac{\pi^2}{4} \cdot \frac{\lambda}{s} \qquad (17\ a)$$

und für kurze Zeiten:

$$\alpha = \frac{1}{\sqrt{\pi}} \sqrt{\frac{\lambda \rho c_p}{t}} \qquad (17\ b)$$

Wir fassen das bis hierhin Besprochene noch einmal zusammen:

Bringt man zwei unterschiedlich temperierte Körper in Kontakt, so gleichen sich ihre Temperaturen mit der Zeit aus.

Wendet man den 1. Hauptsatz der Thermodynamik auf das Gesamtsystem, das die beiden Körper bilden, an, so kann man die Ausgleichstemperatur berechnen.

Will man den zeitlichen Verlauf der Körpertemperaturen wissen, so muß man das System aufschneiden und den 1. Hauptsatz auf die herausgeschnittenen Stücke anwenden, an deren Schnittflächen jeweils ein Wärmefluß $\dot{Q}$ auftritt.

Das Problem besteht nun in der Frage, von welchen Größen dieser Wärmefluß abhängt.

Newton schnitt das System nur an einer Stelle, nämlich an der Berührungsfläche beider Körper auf und setzte $\dot{Q}$ allein dem Temperaturunterschied beider Körper proportional. Die Folgerungen aus dieser Annahme werden durch das Experiment nur näherungsweise bestätigt.

Fourier zerschnitt das System in unendlich viele infinitesimal dünne Streifen und setzte den Wärmefluß $\dot{Q}$ dem lokalen Temperaturgefälle $\frac{\partial \vartheta}{\partial s}$ proportional. Die Folgerungen aus dieser Hypothese werden durch das Experiment voll bestätigt.

Auch läßt sich mit Hilfe der Theorie von Fourier der Newton'sche Wärmeübergangskoeffizient $\alpha$ als Funktion der Stoffeigenschaften $\lambda$, $\rho$, $c_p$, der Körperabmessungen s und der Kontaktzeit t exakt berechnen, so daß der

Newton'sche Ansatz $\dot{q} = \alpha\ (\vartheta_1 - \vartheta_2)$, mit dem heute in der Technik fast ausschließlich gerechnet wird, wieder seine volle Berechtigung erhält, sofern man nur beachtet, daß $\alpha$ im allgemeinen keine Konstante ist.

| Die Lehre von der Wärmeübertragung hat - so können wir es auch formulieren - die Bestimmung der Gesetzmäßigkeiten, nach denen der Wärmeübergangskoeffizient $\alpha$ von allen möglichen äußeren Einflußgrößen abhängt, zum Gegenstand. |
| --- |

Wie wir gesehen haben, hängt der Wärmeübergangskoeffizient $\alpha$ eng mit der Wärmeleitfähigkeit $\lambda$ zusammen. Die Wärmeleitfähigkeit muß in der Regel aus Versuchen bestimmt werden. Würden wir dazu eine Versuchsapparatur benutzen, wie sie die Abb. 2 zeigt, so würden wir feststellen, daß der Wärmefluß $\dot{q}$ nur dann der Plattendicke s umgekehrt proportional ist, wenn die Wärmeleitfähigkeit des Probenmaterials verhältnismäßig niedrig ist wie etwa bei Kunststoffen, Keramik etc. Würden wir aber z.B. relativ dünne Kupferplatten einsetzen, so würden wir finden, daß der Wärmefluß $\dot{q}$ von der Plattendicke weitgehend unabhängig ist.

Wir würden außerdem bemerken, daß man den Wärmefluß $\dot{q}$ durch mehr oder weniger starkes Umrühren insbesondere des Eiswassers mehr oder weniger stark erhöhen kann.

In der Zeit nach Fourier sind Versuche solcher Art u.a. von Jean Claude Eugene Péclet 1793 - 1857, "Traité de la chaleur considerée dans ses applications aux arts et manufactures" 1829, Seite 388, dann aber auch von James Prescott Joule, 1861 , von T.E. Stanton und Osborne Reynolds, 1897, von R. Mollier 1897 - um nur einige Namen zu nennen - gemacht worden, um die

Ursachen dieses Phaenomens aufzuklären. Was man feststellte war zunächst, daß die Oberflächentemperaturen der Proben nicht mit den jeweiligen Flüssigkeitstemperaturen übereinstimmten, und zwar um so weniger, je weniger die Flüssigkeit umgerührt wurde. Es mußte demnach einen Wärmeübergangswiderstand $\frac{1}{\alpha_{flüssig}}$ zwischen Flüssigkeit und Probenoberfläche geben, der mit zunehmender Rührbewegung abnimmt.

Um die theoretische Begründung des Wärmeüberganges zwischen strömenden Flüssigkeiten und festen Wänden haben sich Ende des 19. Anfang des 20. Jahrhunderts eine Reihe von Forschern bemüht. Der entscheidende Gedanke dabei war, daß das Fourier'sche Grundgesetz der Wärmeleitung nicht nur in festen Körpern, sondern auch in strömenden Flüssigkeiten (und Gasen) Gültigkeit habe. Auf diese Hypothese gründen sich die Theorien von L. Graetz 1883, J.M. Boussinesq 1901 und 1905, Wilhelm Nußelt 1909 und 1915. Diese Theorien, die zum klassischen Bestand der Lehre von der Wärmeübertragung gehören, wurden durch das Experiment voll bestätigt - soweit es sich um laminare Flüssigkeits- bzw. Gasströmungen handelt. In diesen Fällen ist der Wärmeübergangskoeffizient $\alpha_{flüssig}$ - genau wie bei der stationären Wärmeleitung in ruhenden Festkörpern - von den Stoffeigenschaften der Flüssigkeit $\lambda$, $\rho$, $c_p$ und von der Kontaktzeit, die man aus der Strömungsgeschwindigkeit errechnen kann, abhängig. Als einzige weitere Einflußgröße kommt in diesem Falle noch die Viskosität $\eta$ der Flüssigkeit hinzu. Ihr Einfluß ist jedoch - wenn überhaupt vorhanden - gering.

Die Hypothese von der Gültigkeit des Fourier'schen Grundgesetzes der Wärmeleitung auch in strömenden Flüssigkeiten versagt jedoch, wenn sich die Flüssigkeit im turbulenten Strömungszustand befindet. Im Experiment findet man, daß die Wärmeübergangskoeffizienten zwischen turbulent strömenden Flüssigkeiten und festen Wänden stets höher sind als man unter der Annahme der Gültigkeit des Fourier'schen Wärmeleitgesetzes im Innern der Strömung errechnen würde.

Mit einer theoretischen Begründung des Wärmeüberganges bei turbulenter Strömung haben sich Boussinesq, Reynolds und Ludwig Prandtl befaßt.

Boussinesq benutzte weiterhin unter Einführung einer sogenannten turbulenten Wärmeleitfähigkeit die Fourier'sche Wärmeleitgleichung. Es zeigte sich jedoch, daß eine solche turbulente Wärmeleitfähigkeit keineswegs eine Materialkonstante war, womit er das Problem nur auf eine neue Unbekannte verlagert hatte.

Reynolds und Prandtl leiteten einen Zusammenhang zwischen dem Wärmeübergangskoeffizienten und dem Druckverlustbeiwert her. Dieser Zusammenhang wurde für voll ausgebildete turbulente Strömung recht gut bestätigt. Zunächst ist damit das Problem auch nur von der Bestimmung des Wärmeübergangskoeffizienten auf die Bestimmung des Druckverlustbeiwertes verlagert. Zur Bestimmung des Druckverlustbeiwertes entwickelte Prandtl dann in Anlehnung an die Vorstellungen, die man in der kinetischen Gastheorie benutzt, eine Theorie, in der er das Zustandekommen turbulenter Schubspannungen mit Hilfe von Turbulenzballen (ähnlich den Molekülen) und eines sog. Mischungsweges (ähnlich der freien Weglänge der Moleküle) beschreibt. Dieser Mischungsweg ist jedoch auch keine konstante Größe, sondern u.a. von der Form und der Größe der Kontaktfläche abhängig.

Angesichts dieser Schwierigkeiten hat dann Nußelt vorgeschlagen, zunächst mit rein empirischen Formeln zu rechnen und ihre physikalische Begründung auf später zu vertagen.

Trotz intensiver Bemühungen zahlreicher Forscher in der ganzen Welt ist eine wirkliche Lösung des Problems bis heute noch nicht gelungen, sodaß wir uns noch immer mit einer formalen Wiedergabe von Versuchswerten begnügen müssen. Dies ist auch der Grund, weshalb heute an vielen Instituten in der Welt laufend Wärmeübergangskoeffizienten bei turbulenter Strömung gemessen werden.

In einer ganz ähnlichen Situation befinden wir uns, wenn wir Wärmeübergangskoeffizienten bei der Verdampfung von Flüssigkeiten angeben sollen. Die in einer kochenden Flüssigkeit aufsteigenden Dampfblasen erzeugen eine lebhafte turbulente Durchmischung der Flüssigkeit, so daß im allgemeinen die Wärmeübergangskoeffizienten recht hoch sind. Wie hoch sie jedoch im Einzelfall tatsächlich sind, muß durch Versuche bestimmt werden. Zwar gibt es einige halbempirische Theorien, doch sind diese bis heute noch zu unsicher als daß man auf Versuchswerte verzichten könnte.

Besser ist die Situation bei der Kondensation von Dämpfen. Hier bildet sich an den Kondensationsflächen ein dünner Kondensatfilm, der in den meisten Fällen laminar abläuft. Hierfür hat Nußelt eine Theorie entwickelt, die durch Versuche gut bestätigt wurde.

Wir fassen zusammen:

Die Wärmeübertragung durch Kontakt zwischen ruhenden und bewegten Festkörpern sowie zwischen laminar strömenden Flüssigkeiten (Gasen) und festen Wänden läßt sich bei Kenntnis der Stoffwerte, der geometrischen Abmessungen der Körper bzw. Strömungskanäle und der Kontaktfläche sowie der Kontaktzeit durch Lösung der auf dem 1. Hauptsatz der Thermodynamik und dem Fourier'schen Grundgesetz der Wärmeleitung beruhenden Differentialgleichungen streng vorausberechnen.

Die Wärmeübertragung durch Kontakt an turbulent strömende Flüssigkeiten oder Gase wie auch an Gas-Flüssigkeitsgemische muß mangels zuverlässiger Theorien aus dem Experiment bestimmt werden.

Abschließend ist an dieser Stelle noch eine ergänzende Bemerkung zu machen:

Die zunächst aus dem Versuch gewonnene Wärmeleitfähigkeit $\lambda$ hat für Gase durch die Entwicklung der kinetischen Gastheorie eine physikalische Begründung erfahren. Danach ist die Wärmeleitfähigkeit der Dichte $\rho$, der spezifischen Wärme $c_v$, der freien Weglänge der Moleküle $\Lambda$ und der Fluggeschwindigkeit der Moleküle w proportional:

$$\lambda \sim \rho \, c_v \Lambda \, w \qquad (18)$$

Wärmeleitung geschieht durch Energieübertragung von Molekül zu Molekül. Dies setzt jedoch voraus, daß in dem wärmeleitenden Gasvolumen hinreichend viele Moleküle vorhanden sind oder - mit anderen Worten - daß die freie Weglänge $\Lambda$ wesentlich kleiner als die Spaltweite s ist, wie es Abb. 3 a zeigt.

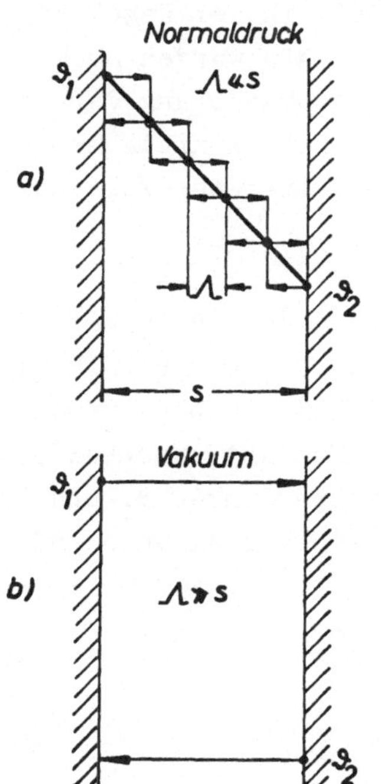

Abb. 3

Im Vakuum kann jedoch die freie Weglänge wesentlich größer als die Spaltweite s werden, so daß die Moleküle direkt von Wand zu Wand fliegen. In diesem Fall wird die übertragene Energie und damit die Wärmeleitzahl direkt proportional der Anzahl der Moleküle und damit auch proportional der Dichte bzw. dem Druck. Sind nur noch wenig Moleküle vorhanden, kommt die Wärmeübertragung durch Leitung praktisch zum Erliegen.

## 1.2 Wärmeübertragung durch Strahlung

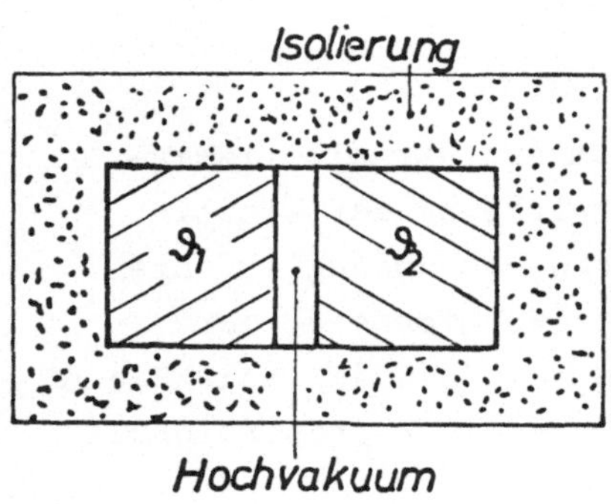


Abb. 4

Ordnet man zwei Körper mit den Temperaturen $\vartheta_1$ und $\vartheta_2$ so an, daß zwischen ihnen ein Luftspalt verbleibt, so beobachtet man, daß sich auch in diesem Fall die Temperaturen $\vartheta_1$ und $\vartheta_2$ mit der Zeit ausgleichen. Soweit ist dies nicht Neues, da die Wärme durch Wärme leitung aus dem Körper 1 heraus durch die Luft hindurch und in den Körper 2 hineinfließt. Der Temperaturausgleich erfolgt allerdings wesentlich langsamer, als wenn man die beiden Körper direkt aufeinander pressen würde, da die Wärmeleitfähigkeit der Luft in der Regel sehr viel kleiner ist als die der Festkörper. Wir würden auch wieder finden, daß die zeitliche Temperaturänderung der beiden Körper und damit der Wärmefluß $\dot{q}$ nach hinreichend langer Beobachtungszeit der jeweiligen Temperaturdifferenz proportional ist.

Nunmehr schließen wir eine Vakuumpumpe an den Luftspalt an und evakuieren diesen soweit, daß so gut wie keine Luftmoleküle mehr in dem Spalt enthalten sind. Damit haben wir die Möglichkeit der Wärmeübertragung durch Kontakt unterbunden. Dennoch beobachten wir, daß sich die Temperaturen $\vartheta_1$ und $\vartheta_2$ wenn auch sehr langsam, aber doch mit einer endlichen und meßbaren Geschwindigkeit ausgleichen.

Eine genaue Analyse der Versuche würde folgende Befunde zu Tage fördern:

a) Die zeitliche Temperaturänderung der beiden Körper ist unabhängig von der Spaltweite,

b) sie ist jedoch abhängig von der Oberflächenbeschaffenheit der beiden Körper (z.B. matt oder poliert),

c) und sie ist nicht dem Unterschied der Celsiustemperaturen $(\vartheta_1-\vartheta_2)$, sondern dem Unterschied der 4-ten Potenz der Kelvintemperaturen $(T_1{}^4-T_2{}^4)$ proportional.

Es handelt sich hier um eine Energieübertragung durch elektromagnetische Wellen, die jeder Körper ständig aussendet und auch von seiner Umgebung empfängt.

Erste systematische Untersuchungen über die Wärmeübertragung durch Strahlung wurden von John Leslie 1804 durchgeführt. 1879 zeigte Stefan und einige Jahre danach Boltzmann, daß sowohl die emittierte wie auch die absorbierte Strahlung proportional $T^4$ ist. Indessen konnte der Proportionalitätsfaktor erst von Max Planck im Jahre 1900 mit Hilfe des von ihm eingeführten Wirkungsquantums h berechnet werden.

Für einen sogenannten schwarzen Körper enthält die Wärmestrahlung das ganze Spektrum elektromagnetischer Wellen mit einem Emissionsmaximum, das bei einer bestimmten, von der Körpertemperatur abhängigen Wellenlänge liegt. Mit steigender Temperatur verschiebt sich dieses Maximum zu immer kürzeren Wellenlängen hin. Sonnenlicht, das bei etwa $6000^{o}$K emittiert wird, besteht hauptsächlich aus kurzwelliger Strahlung mit einer Wellenlänge von rd. 0,5 µm. Strahlung, die bei Zimmertemperatur ausgesandt wird, hat eine Wellenlänge von rd. 10 µm.

Fensterglas ist für Sonnenlicht durchlässig, für die langwellige Strahlung der Zimmerwände jedoch nicht. Hierauf beruht die Wirkungsweise von Treibhäusern.

Manche Körper emittieren und absorbieren demnach Strahlung nur in bestimmten Wellenlängenbereichen. Man nennt sie selektive Strahler. Strahlung,die nur eine ganz bestimmte Wellenlänge enthält, nennt man monochromatisch.

Gase strahlen in der Regel nur schwach. Erst bei sehr hohen Temperaturen, hohen Gasdrucken und langen Strahlungswegen wird die Gasstrahlung von erheblicher Bedeutung. Indessen gibt es Gase, die unter gar keinen Umständen strahlen Man nennt sie diatherman. Es handelt sich dabei um Gase, bei denen der elektrische Schwerpunkt der Moleküle auch dann, wenn die Atome im Molekül gegeneinander schwingen, ständig in Ruhe bleibt. Hierzu gehören die einatomigen Moleküle (Edelgase) und auch die zweiatomigen, sofern sie aus gleichen Atomen bestehen ($N_2$, $O_2$ etc). Luft ist also diatherman, Wasserdampf und $CO_2$ dagegen nicht.

## 1.3 Stoffübertragung

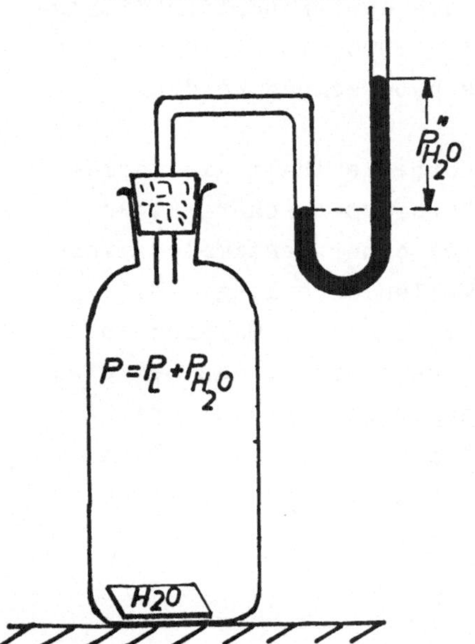


Bringt man z.B. in eine luftgefüllte Flasche ein Stück nasses Löschpapier hinein und verschließt die Flasche schnell wieder, so beobachtet man mit der Zeit ein Ansteigen des Druckes in der Flasche. Dieser Druckanstieg kommt nach hinreichend langer Zeit zum Stillstand.

Abb. 5

Dieser Vorgang ist dem des Temperaturausgleiches zweier verschieden temperierter Körper vollkommen analog. Der Gleichgewichtstemperatur entspricht hier der Gleichgewichtsdruck. Letzterer ist gleich der Summe aus dem ursprünglichen Luftdruck in der Flasche vermehrt um den Sattdampfdruck des Wassers. Während des Druckanstieges geht also Wasser durch Verdunstung von dem nassen Papier in die trockene Luft über. Die treibende Kraft für diesen Stoffübergang ist der Unterschied der Wasserdampfpartialdrücke am nassen Papier $P''_{H_2O}$ und in der Luft $P_{H_2O}$. $P''_{H_2O}$ ist der Sattdampfdruck des Wassers.

Macht man in Analogie zum Wärmeübergang hier für die übergehende Stoffmenge den Ansatz:

$$\dot{n}_{H_2O} = \frac{\beta}{R_{H_2O}T} (P''_{H_2O} - P_{H_2O}), \ [kg/m^2h] , \quad (19)$$

so hat man damit den Stoffübergangskoeffizienten β [m/h] definiert. Von der Größe dieses Stoffübergangskoeffizienten hängt es ab, wie schnell der Druckausgleich in der Flasche vor sich geht.

| Die Bestimmung der Gesetzmäßigkeiten, nach denen der Stoffübergangskoeffizient von den äußeren Einflußgrößen abhängt, ist Gegenstand der Lehre von der Stoffübertragung. |
|---|

Wie schnell z.B. Wäsche trocknet, hängt davon ab, wie groß der Stoffübergangskoeffizient zwischen der Wäsche und der Umgebungsluft ist.

Wenn Kohle verbrennt, muß der Sauerstoff an die Kohlenoberfläche und $CO_2$ von dieser an die Verbrennungsluft übertragen werden. Die Verbrennungsgeschwindigkeit ist abhängig von der Geschwindigkeit dieser Stoffübertragungsvorgänge. Das Gleiche gilt für eine Vielzahl heterogener chemischer Reaktionen.

Will man z.B. Kochsalz in Wasser auflösen, so hängt die Auflösegeschwindigkeit von der Größe des Stoffübergangskoeffizienten zwischen den Salzpartikeln und der umgebenden Flüssigkeit ab.

Die Zahl solcher Beispiele ließe sich beliebig vermehren.

Das Grundgesetz der stationären Stoffübertragung durch ein ruhendes Medium lautet:

$$\dot{n}_j = - \frac{\delta_{jk}}{R_j T} \frac{\partial P_j}{\partial s} \quad [kg/m^2 h] \tag{20}$$

wobei j die übergehende und k die aufnehmende Komponente ist. Dieses Gesetz, das man das Grundgesetz der Diffusion nennt, ist dem Fourier'schen Grundgesetz der Wärmeleitung vollkommen analog, was man erkennt, wenn man $\dot{n}_j$ durch $\dot{q}$, $\frac{\delta_{jk}}{R_j T}$ durch $\lambda$ und $P_j$ durch $\vartheta$ ersetzt.

Dividiert man die Gleichung 20 noch durch die Molmasse der Komponente j und erweitert man die rechte Seite mit dem Gesamtdruck P, so erhält man:

$$\frac{\dot{n}_j}{M_j} = - \delta_{jk} \frac{P}{R_j M_j T} \frac{\partial (P_j/P)}{\partial s}$$

Hierin ist

$$\frac{\dot{n}_j}{M_j} = \dot{\tilde{n}}_j \quad [kmol/m^2 h]$$

die Molenflußdichte,

$$\frac{P}{M_j R_j T} = \frac{P}{\tilde{R} T} = \tilde{\rho} \quad [kmol/m^3]$$

die molare Dichte des Gesamtsystems

und $$\frac{P_j}{P} = \tilde{x}_j$$

der Molenbruch der Komponente j.

Damit lautet die Gleichung 20:

$$\dot{\tilde{n}}_j = - \tilde{\rho} \cdot \delta_{jk} \cdot \frac{\partial \tilde{x}_j}{\partial s} \qquad (20\ a)$$

Entsprechend schreiben wir auch für die Gleichung 19

$$\dot{\tilde{n}}_j = \tilde{\rho} \beta_{jk} \ (\tilde{x}''_j - \tilde{x}_j) \qquad (19\ a)$$

Für die Diffusion durch eine ebene Schicht von der Dicke s erhält man aus Gleichung 20 a

$$\dot{\tilde{n}}_j = \tilde{\rho} \ \frac{\delta_{jk}}{s} \ (\tilde{x}''_j - \tilde{x}_j)$$

woraus durch Vergleich mit Gleichung 19 a für den Stoffübergangskoeffizienten β folgt:

$$\beta_{jk} \doteq \frac{\delta_{jk}}{s}$$

Im Falle des Wärmeüberganges durch eine ebene Platte hatten wir für den Wärmeübergangskoeffizienten α gefunden:

$$\alpha = \frac{\lambda}{s}$$

Man erkennt die Analogie der Gesetzmäßigkeiten von Wärme- und Stoffübergang. Im allgemeinen genügt es daher, die Gesetzmäßigkeiten des Wärmeüberganges zu kennen; die des Stoffüberganges lassen sich dann aus diesen berechnen.

Eine einschränkende Bemerkung ist allerdings noch anzufügen. Die Grundgleichung der Diffusion (Gl. 20 a) gilt in dieser Form nur, wenn das Koordinatensystem, in dem s gemessen wird, relativ zum Teilchenschwerpunkt des Gesamtsystems ruht.

In der Regel benutzt man jedoch Koordinaten, die relativ zur Umgebung ruhen, sog. Laborsysteme.

In diesem Fall hat die Grundgleichung der Diffusion die Form

$$\dot{\tilde{n}}_j = - \tilde{\rho} \cdot \delta \cdot \frac{\partial \tilde{x}_j}{\partial s} + \left(\sum \dot{\tilde{n}}_i\right) \cdot \tilde{x}_j \qquad (20\ b)$$

Hierin ist $\sum \dot{\tilde{n}}_i = \dot{\tilde{n}}$ die Vektor-Summe aller einzelnen Diffusionsströme, die die makroskopische Bewegung des Gesamtsystems ergibt.

Die Benutzung des Laborsystems führt dazu, daß die Analogie von Wärme- und Stoffübertragung im Einzelfalle gegebenenfalls noch einer Korrektur bedarf.

## 2. Wärmeübertragung durch stationäre Wärmeleitung in ruhenden Körpern

### 2.1 Das Fourier'sche Grundgesetz der Wärmeleitung

$$\dot{Q} = -\lambda A \frac{\partial \vartheta}{\partial y}$$

$$\dot{Q}_{y_1} = -\lambda_{y_1} A_{y_1} \left[\frac{\partial \vartheta}{\partial y}\right]_{y_1} \qquad (1)$$

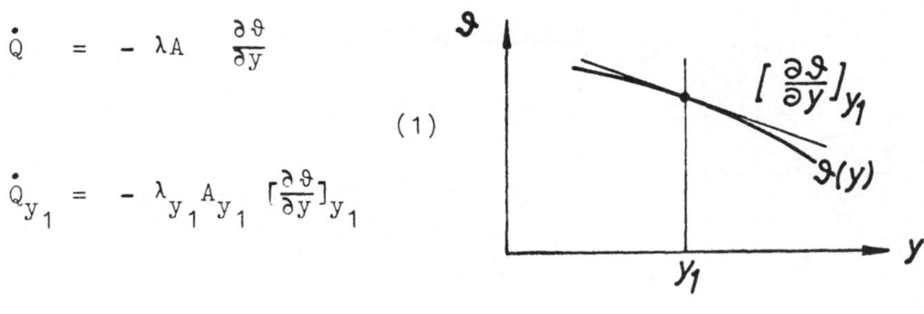


Abb. 1

Der Wärmefluß $\dot{Q}_{y_1}$ an einer beliebigen Stelle im Innern eines Temperaturfeldes $\vartheta = \vartheta\,(y)$ ist der Wärmeleitfähigkeit $\lambda_{y_1}$, der Durchtrittsfläche $A_{y_1}$ und dem Temperaturgefälle $[\frac{\partial \vartheta}{\partial y}]_{y_1}$ an dieser Stelle proportional.

### 2.2 Der stationäre Wärmefluß durch Platten, Zylinder- und Kugelschalen.

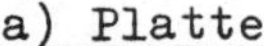

a) Platte

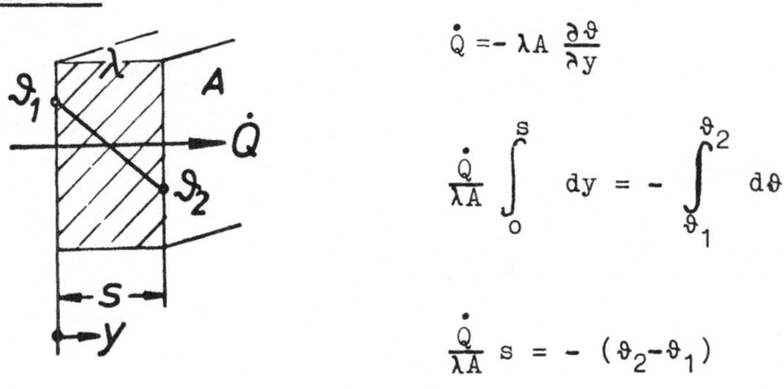


$$\dot{Q} = -\lambda A \frac{\partial \vartheta}{\partial y}$$

$$\frac{\dot{Q}}{\lambda A} \int_0^s dy = -\int_{\vartheta_1}^{\vartheta_2} d\vartheta$$

$$\frac{\dot{Q}}{\lambda A}\, s = -\,(\vartheta_2 - \vartheta_1)$$

Abb. 2

$$\dot{Q} = \frac{\lambda}{s}\, A\, (\vartheta_1 - \vartheta_2) \qquad (2)$$

b) Zylinderschale

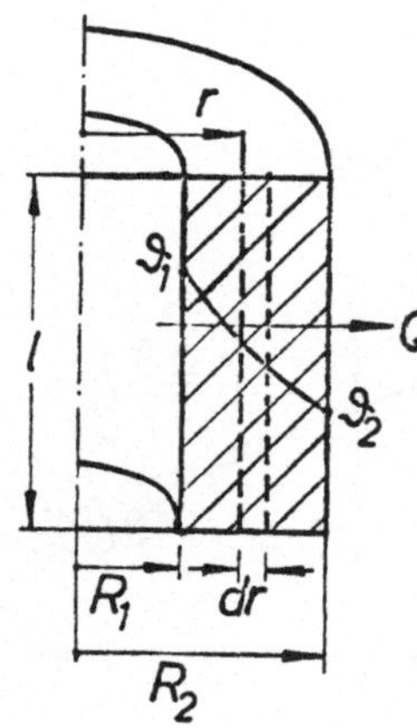


Abb. 3

Wärmebilanz an der Zylinderschale $2\pi r l dr$

$$\dot{Q}_r = \dot{Q}_{r+dr}$$

Wärmeleitgesetz

$$\dot{Q}_r = -\lambda 2\pi r l \left[\frac{d\vartheta}{dr}\right]_r$$

$$\dot{Q}_{r+dr} = -\lambda 2\pi (r+dr) l \left[\frac{d\vartheta}{dr}\right]_{r+dr}$$

Daraus folgt die Differentialgleichung für das Temperaturfeld in der Zylinderschale:

$$r \left[\frac{d\vartheta}{dr}\right]_r - (r+dr)\left[\frac{d\vartheta}{dr}\right]_{r+dr} = 0$$

$$\left[\frac{d\vartheta}{dr}\right]_{r+dr} = \left[\frac{d\vartheta}{dr}\right]_r + \frac{d^2\vartheta}{dr^2} dr$$

$$0 = r\left[\frac{d\vartheta}{dr}\right]_r - \left\{ r\left[\frac{d\vartheta}{dr}\right]_r + r\frac{d^2\vartheta}{dr^2} dr + \left[\frac{d\vartheta}{dr}\right]_r dr + \cancel{\frac{d^2\vartheta}{dr^2} dr^2} \right\}$$

$$\boxed{\frac{d^2\vartheta}{dr^2} + \frac{1}{r}\frac{d\vartheta}{dr} = 0} \qquad (3)$$

Lösung der Differentialgleichung:

$$\frac{d\vartheta}{dr} = \vartheta'(r) \text{ und } \frac{d^2\vartheta}{dr^2} = \vartheta''(r)$$

$$\frac{\vartheta''}{\vartheta'} = -\frac{1}{r} = (\ln \vartheta')'$$

$$- \ln r = \ln \vartheta' + \ln C_1$$

$$\vartheta' = \frac{C_1}{r}$$

$$\vartheta = C_1 \ln r + C_2$$

Bestimmung der Integrationskonstanten aus den Randbedingungen:

$$r = R_1: \vartheta_1 = C_1 \ln R_1 + C_2$$

$$\vartheta = C_1 \ln r + C_2$$

$$\vartheta - \vartheta_1 = C_1 \ln \frac{r}{R_1}$$

Ferner ist:

$$\dot{Q} = - \lambda \, 2\pi \, R_1 \, l \left[\frac{d\vartheta}{dr}\right]_{R_1} = - \lambda \, 2\pi \, l \, C_1$$

$$\dot{Q} = - \lambda \, 2\pi \, R_2 \, l \left[\frac{d\vartheta}{dr}\right]_{R_2} = - \lambda \, 2\pi \, l \, C_1$$

Damit wird:

$$\vartheta - \vartheta_1 = - \frac{\dot{Q}}{\lambda 2\pi l} \ln \frac{r}{R_1}$$

oder aufgelöst nach $\dot{Q}$:

$$\boxed{\dot{Q} = \frac{2\pi \, l \, \lambda \, (\vartheta_1 - \vartheta_2)}{\ln \frac{R_2}{R_1}}} \qquad (4)$$

Ist die Dicke der Zylinderschale $s = R_2 - R_1$ klein gegen $R_1$, so wird aus

$$\ln \frac{R_2}{R_1} = \ln \frac{R_1 + s}{R_1} = \ln \left(1 + \frac{s}{R_1}\right) \cong \frac{s}{R_1}$$

und Gl. 4 geht mit

$$2\pi \, l \, R_1 = A$$

über in Gl. 2.

c) Kugelschale

Wärmebilanz: $\dot{Q}_r = \dot{Q}_{r+dr}$

Wärmeleitung: $\dot{Q}_r = - \lambda \; 4\pi \; r^2 \; [\frac{d\vartheta}{dr}]_r$

$$\dot{Q}_{r+dr} = - \lambda \; 4\pi \; (r+dr)^2 \; [\frac{d\vartheta}{dr}]_{r+dr}$$

Daraus folgt:

$$r^2 \; [\frac{d\vartheta}{dr}]_r - (r+dr)^2 \; [\frac{d\vartheta}{dr}]_{r+dr} = 0$$

$$r^2 \; [\frac{d\vartheta}{dr}]_r - (r^2+2rdr+\cancel{dr^2}) \; ([\frac{d\vartheta}{dr}]_r + \frac{d^2\vartheta}{dr^2} \, dr) = 0$$

$$r^2 \; \frac{d^2\vartheta}{dr^2} \, dr + 2r \, \frac{d\vartheta}{dr} \, dr + 2r \, \cancel{\frac{d^2\vartheta}{dr^2} \, dr^2} = 0$$

$$\boxed{\frac{d^2\vartheta}{dr^2} + \frac{2}{r} \, \frac{d\vartheta}{dr} = 0} \qquad (5)$$

Dies ist die Differentialgleichung des Temperaturfeldes in der Kugelschale.

Lösung der Differentialgleichung:

$$\frac{\vartheta''(r)}{\vartheta'(r)} = - \frac{2}{r} = (\ln \vartheta')'$$

$$- 2 \ln r = \ln \vartheta' - \ln C_1$$

$$\vartheta' = \frac{C_1}{r^2}$$

$$\vartheta = - \frac{C_1}{r} + C_2$$

Aus den Randbedingungen und mit

$$\dot{Q} = - \lambda\ 4\pi\ R_1^2\ [\frac{d\vartheta}{dr}]_{R_1} = - \lambda\ 4\pi\ C_1$$

folgt schließlich:

$$\dot{Q} = \frac{4\pi\lambda\ (\vartheta_1-\vartheta_2)}{\frac{1}{R_1} - \frac{1}{R_2}} \qquad (6)$$

Der Wärmefluß in Kugelschalen nimmt eine Sonderstellung ein. Denkt man sich eine beheizte Kugel vom Radius $R_1$ zur Vermeidung von Wärmeverlusten mit einer Isolierschale vom Radius $R_2$ umgeben, dann errechnet sich der Wärmeverlust $\dot{Q}$ nach Gleichung 6. Macht man die Isolierschale unendlich dick ($R_2 \rightarrow \infty$), dann wird im Gegensatz zum ebenen und zylindrischen Wärmefluß der Wärmeverlust $\dot{Q}$ nicht null, sondern geht gegen einen Minimalwert

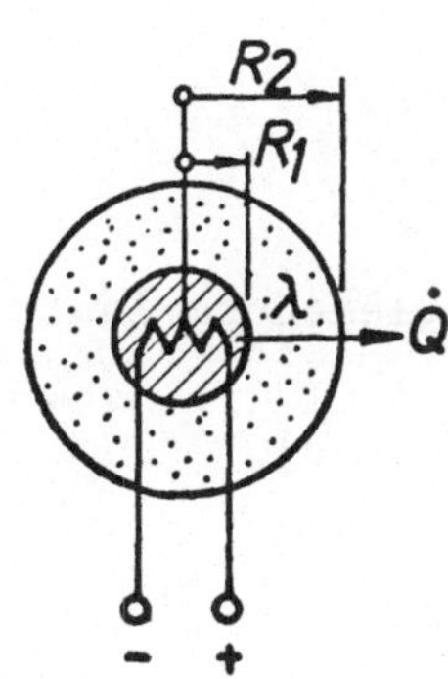

Abb. 4

$$\min \dot{Q} = 4\pi\ R_1\ \lambda\ (\vartheta_1-\vartheta_2) \qquad (6\ a)$$

## 2.3 Stationäre Temperaturfelder mit Wärmequellen

Im Innern eines zylindrischen Stabes vom Radius R wird je Volumen- und Zeiteinheit die Wärmemenge $\dot{\Gamma}$ $[\frac{W}{cm^3}]$ erzeugt (z.B. in einem Uranbrennstab oder in einem elektrischen Widerstandsdraht etc.). Welches Temperaturfeld stellt sich im Innern des Stabes ein und wie hoch ist die maximale Übertemperatur in der Stabachse, wenn die Oberflächentemperatur des Stabes konstant gehalten wird?

Zuerst Aufstellen der Differentialgleichung:

Bezeichnungen wie in 2.2 b.

<u>Wärmebilanz:</u> $\dot{Q}_r + \dot{\Gamma}\, 2\pi\, r\, l\, dr = \dot{Q}_{r+dr}$

<u>Wärmeleitgesetz:</u> wie in 2.2 b.

Daraus folgt:

$$\lambda\, 2\pi\, l\, (r[\frac{d\vartheta}{dr}]_r - (r+dr)\, [\frac{d\vartheta}{dr}]_{r+dr}) = \dot{\Gamma}\, 2\pi\, r\, l\, dr$$

und daraus:

$$\frac{d^2\vartheta}{d_r{}^2} + \frac{1}{r}\,\frac{d\vartheta}{dr} = -\frac{\dot{\Gamma}}{\lambda} \qquad (7)$$

Die Lösung der homogenen Differentialgleichung lautet:

$$\vartheta_H = C_1 \ln r \qquad \text{(vgl. 2.2 b)}$$

Ferner existiert ein Partikularintegral

$$\vartheta_P = C_2\, r^2 + C_3$$

Die homogene Lösung $\vartheta_H$ scheidet aus, da sie in der Stabachse (r=0) immer $/\vartheta_H/ \to \infty$ liefert. Setzt man die Partikularlösung in die Gl. 7 ein, so folgt mit

$$\frac{\partial\vartheta}{\partial r} = 2\, C_2\, r \text{ und } \frac{\partial^2\vartheta}{\partial r^2} = 2\, C_2$$

$$C_2 = -\frac{\dot{\Gamma}}{4\lambda}$$

Ferner ist

$$\vartheta(0) = C_3,$$

so daß die Lösung lautet

$$\vartheta - \vartheta(0) = \frac{-\dot{\Gamma}}{4\lambda} r^2 \quad \text{oder}$$

$$\vartheta(0) - \vartheta(R) = \frac{\dot{\Gamma} R^2}{4\lambda} \qquad (8)$$

Nun ist $\dot{\Gamma} R^2 \pi l = \dot{Q}$ die insgesamt im Stab erzeugte Wärmemenge, und es folgt noch die Beziehung

$$\vartheta(0) - \vartheta(R) = \frac{\dot{Q}}{4\pi\lambda l} \qquad (8\ a)$$

wonach die maximale Übertemperatur nur von der Wärmeleistung je cm Stablänge, nicht aber vom Stabradius abhängig ist.

## 2.4 Definition eines Wärmeübergangskoeffizienten

Der Wärmeübergangskoeffizient ist definiert durch die Gleichung

$$\alpha = \frac{\dot{Q}}{A \Delta\vartheta} \qquad (9)$$

Sie gibt an, welche Wärmemenge je Flächen- und Zeiteinheit unter der Wirkung eines Temperaturunterschiedes $\Delta\vartheta$ durch die Oberfläche A eines Körpers hindurchtritt. Der Temperaturunterschied $\Delta\vartheta$ ist in jedem Einzelfalle durch eine Definitionsgleichung festzulegen.

a) stationärer Wärmefluß durch die ebene Platte:

$\Delta\vartheta = \vartheta_1 - \vartheta_2$; $A_1 = A_2$.

$$\alpha = \frac{\lambda}{s} \qquad (10)$$

(vgl.Gl.2, Kap. 2.2)

b) stationärer Wärmefluß durch die Zylinderschale:

$\Delta\vartheta = \vartheta_1 - \vartheta_2$; $A_1 = 2\pi\, l\, R_1$ und $A_2 = 2\pi\, l\, R_2$.

$$\alpha_1 = \frac{\lambda}{R_1 \ln \frac{R_2}{R_1}} \quad \text{oder} \quad \alpha_2 = \frac{\lambda}{R_2 \ln \frac{R_2}{R_1}} \qquad (11)$$

(vgl.Gl.4, Kap. 2.2)

c) stationärer Wärmefluß durch die Kugelschale:

$\Delta\vartheta = \vartheta_1 - \vartheta_2$; $A_1 = 4\pi\, R_1^2$ und $A_2 = 4\pi\, R_2^2$.

$$\alpha_1 = \frac{\lambda}{R_1 (1 - \frac{R_1}{R_2})} \quad \text{oder} \quad \alpha_2 = \frac{\lambda}{R_2 (\frac{R_2}{R_1} - 1)} \qquad (12)$$

(vgl. Gl. 6, Kap. 2.2)

$$\lim_{R_2 \to \infty} \alpha_1 = \frac{\lambda}{R_1} \quad \text{oder} \quad \lim_{R_2 \to \infty} \alpha_2 = 0 \qquad (12\ a)$$

$$\lim_{R_1 \to 0} \alpha_1 = \infty \quad \text{oder} \quad \lim_{R_1 \to 0} \alpha_2 = 0 \qquad (12\ b)$$

$$\lim_{R_1 \to R_2} \alpha_1 = \lim_{R_1 \to R_2} \alpha_2 = \frac{\lambda}{R_2 - R_1} = \frac{\lambda}{s} \qquad (12\ c)$$

d) stationärer Wärmefluß aus einem Zylinder mit inneren Wärmequellen:

$\Delta\vartheta = \vartheta\ (0) - \vartheta\ (R)$

$A \ = 2\pi\ l\ R$

$$\alpha_0 = 2\ \frac{\lambda}{R} \qquad (13)$$

(vgl. Gl. 8 a, Kap. 2.3)

Dieser Wärmeübergangskoeffizient ist bezogen auf den Temperaturunterschied zwischen Zylinderachse $\vartheta$ (0) und Zylinderoberfläche $\vartheta$ (R). Häufig interessiert auch ein Wärmeübergangskoeffizient, der auf den Unterschied zwischen der kalorischen Mitteltemperatur des Zylinders $\bar{\vartheta}$ und der Temperatur an der Zylinderoberfläche bezogen ist.

$$\bar{\vartheta} = \frac{\int_0^R \varrho c \vartheta(r) r dr}{\int_0^R \varrho c r dr} \qquad (14)$$

Wegen der parabolischen Temperaturverteilung (vgl.Gl. 8, Kap. 2.3) ist

$$\Delta\vartheta_2 = \bar{\vartheta} - \vartheta\ (R) = \frac{1}{2}\ (\vartheta(0) - \vartheta(R))$$

Daraus folgt

$$\alpha = 4\ \frac{\lambda}{R} \qquad (15)$$

# 3. Wärmeübertragung durch instationäre Wärmeleitung in ruhenden Körpern

## 3.1 Berechnung des Temperaturfeldes

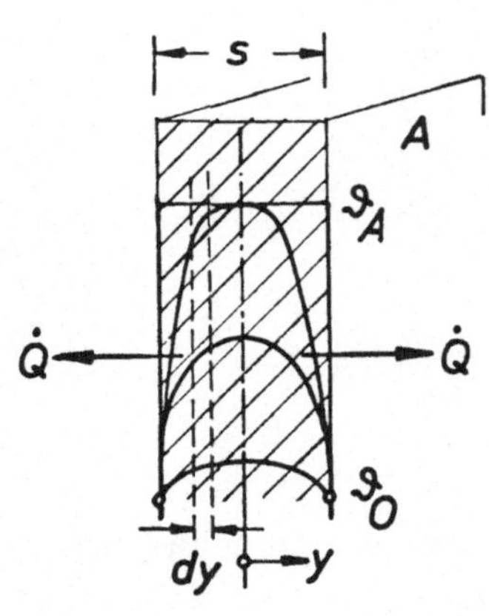


Abb. 1

Eine Kunststoffplatte habe die Temperatur $\vartheta_A$. Zur Zeit $t = 0$ wird die Temperatur an den Plattenoberflächen schlagartig auf $\vartheta_0$ abgesenkt (z.B. durch Abschrecken in einem Wasserbad).

Wie berechnet man den zeitlichen und örtlichen Temperaturverlauf in der Platte?

Welche Wärmemenge $\dot{Q}$ wird je Zeiteinheit an das Wasserbad abgegeben?

Zunächst Aufstellung der Differentialgleichung:

<u>Wärmebilanz</u> am Volumenstreifen Ady

$$(\dot{Q}_y - \dot{Q}_{y+dy})\ dt = dH$$

$$dH = \rho\ c\ A\ dy\ d\vartheta$$

$$\dot{Q}_{y+dy} = \dot{Q}_y + \frac{\partial \dot{Q}}{\partial y}\ dy$$

$$-\frac{\partial \dot{Q}}{\partial y}\ dydt = \rho\ c\ A\ dy\ d\vartheta$$

$$\dot{Q} = \dot{q}\ A$$

$$- \frac{\partial \dot{q}}{\partial y} = \rho c \frac{\partial \vartheta}{\partial t} \qquad (1)$$

Wärmeleitung:

$$\dot{q} = - \lambda \frac{\partial \vartheta}{\partial y}$$

$$- \frac{\partial \dot{q}}{\partial y} = \lambda \frac{\partial^2 \vartheta}{\partial y^2} \qquad (2)$$

Verknüpfung von Wärmebilanz und Wärmeleitung:

$$\lambda \frac{\partial^2 \vartheta}{\partial y^2} = \rho c \frac{\partial \vartheta}{\partial t}$$ oder mit

$$\frac{\lambda}{\rho c} = a \left[\frac{cm^2}{s}\right] = \text{Temperaturleitfähigkeit}$$

$$\boxed{a \frac{\partial^2 \vartheta}{\partial y^2} = \frac{\partial \vartheta}{\partial t}} \qquad (3)$$

Dies ist eine partielle Dgl. 2. Ordnung für das Temperaturfeld $\vartheta$ (y, t).

Diese Dgl. hat folgende asymptotische Lösungen:

a) $$\boxed{\frac{\vartheta - \vartheta_0}{\vartheta_A - \vartheta_0} = \text{erf} \frac{(s/2)-y}{2\sqrt{at}}} \qquad (4)$$

für große Argumente $\frac{\frac{s}{2} - y}{2\sqrt{at}}$

(kurze Zeiten t)

b) $$\frac{\vartheta-\vartheta_o}{\vartheta_A-\vartheta_o} = \frac{4}{\pi} e^{-\pi^2 \frac{at}{s^2}} \cos \pi \frac{y}{s} \qquad (5)$$

für kleine Argumente $\frac{s^2}{at}$

(lange Zeiten t)

Die Funktion erf $\eta$ ist die Gauß'sche Fehlerfunktion (error function). Sie ist definiert durch:

$$\text{erf } \eta = \frac{2}{\sqrt{\pi}} \int_0^{\eta} e^{-z^2} dz \qquad (6)$$

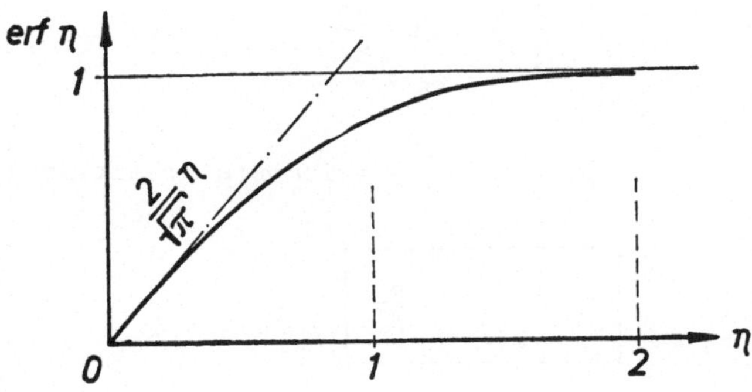


Abb. 2

Für mittlere Argumente von $\frac{s}{2\sqrt{at}}$ ist das Temperaturfeld nur durch Reihenentwicklung darstellbar, die numerisch ausgewertet werden muß.

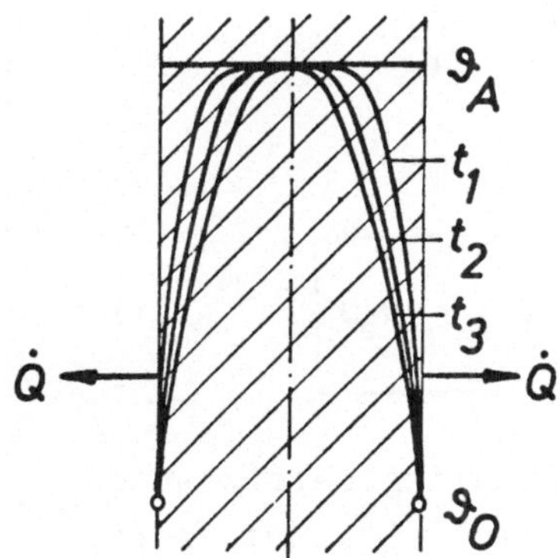


Abb. 3

kurze Zeiten t: die Temperatur in der Plattenmitte ist $\vartheta_A$. Die Temperaturprofile folgen dem Argument

$$\frac{\frac{s}{2} - y}{\sqrt{at}}$$

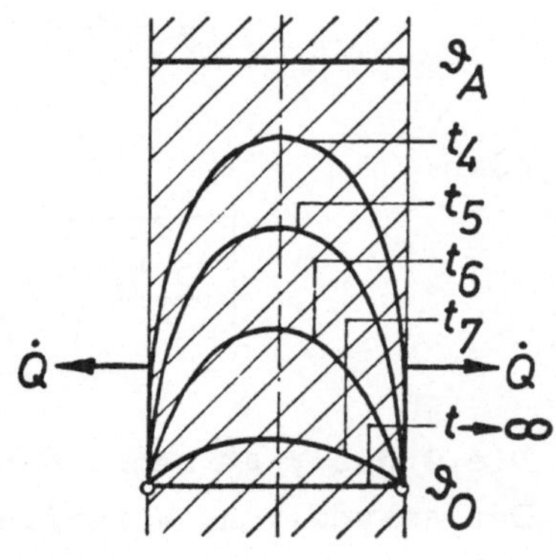


Abb. 4

lange Zeiten t: die Temperaturprofile sind ähnlich:

$$\vartheta = f\ (y) \cdot g\ (t)$$

Die Temperatur in der Plattenmitte ist merklich verschieden von $\vartheta_A$.

Wir berechnen nun die an die Umgebung übertragene Wärmemenge. Sie ist gleich:

$$\dot{Q} = - \lambda A \left[\frac{\partial\vartheta}{\partial y}\right]_{y = s/2}$$

<u>Für kurze Zeiten folgt</u> aus Gl. 4:

$$\frac{\partial\vartheta}{\partial y} = (\vartheta_A - \vartheta_o) \frac{2}{\sqrt{\pi}} e^{-\frac{(s/2-y)^2}{4\,at}} \cdot \left(- \frac{1}{2\sqrt{at}}\right)$$

und damit

$$\dot{Q} = \lambda\ A\ (\vartheta_A - \vartheta_o)\ \frac{2}{\sqrt{\pi}}\ \frac{1}{2\sqrt{at}}$$

oder

$$\boxed{\frac{\dot{Q}(t)}{A} = \frac{1}{\sqrt{\pi}} \cdot \frac{\sqrt{\lambda\rho c}}{\sqrt{t}}\ (\vartheta_A - \vartheta_o)} \qquad (7)$$

Die Größe $\sqrt{\lambda\rho c}$ nennt man den Wärmeeindringkoeffizienten. Der sekundliche Wärmefluß $\dot{Q}$ fällt mit $t^{-1/2}$. Zur Zeit null ist er unendlich groß, (wegen $[\frac{\partial\vartheta}{\partial y}]_{t=0}^{s/2} = \infty$).

<u>Für lange Zeiten folgt</u> aus Gl. 5:

$$\frac{\partial\vartheta}{\partial y} = (\vartheta_A - \vartheta_o)\ \frac{4}{\pi}\ e^{-\pi^2 \frac{at}{s^2}} \cdot (-\frac{\pi}{s} \sin \frac{\pi}{s}\ y)$$

und damit

$$\boxed{\frac{\dot{Q}(t)}{A} = 4\ \frac{\lambda}{s}\ e^{-\pi^2 \frac{at}{s^2}}\ (\vartheta_A - \vartheta_o)} \qquad (8)$$

Damit sind die eingangs des Kapitels 3 gestellten Fragen beantwortet.

## 3.2 <u>Definition eines Wärmeübergangskoeffizienten</u>

Der Wärmeübergangskoeffizient ist definiert durch:

$$\alpha_t = \frac{\dot{Q}\ (t)}{A \overline{\Delta\vartheta}(t)} \qquad (9)$$

Er gibt an, welche Wärmemenge je Flächen- und Zeiteinheit unter der Wirkung eines mittleren Temperaturunterschiedes aus dem Innern eines Körpers kommend durch seine Oberfläche hindurchtritt.

Als mittleren Temperaturunterschied definieren wir die integrale kalorische Übertemperatur des Körpers $\bar{\vartheta}$ minus der Oberflächentemperatur $\vartheta_o$ desselben:

$$\overline{\Delta\vartheta} = \bar{\vartheta} - \vartheta_o = \frac{\int_{-\frac{s}{2}}^{+\frac{s}{2}} \rho c \vartheta dy}{\int_{-\frac{s}{2}}^{+\frac{s}{2}} \rho c dy} - \vartheta_o \qquad (10)$$

Sofern $\rho$ und c nicht von y und $\vartheta$ abhängen, was im allgemeinen zu Grunde gelegt wird, ist

$$\overline{\Delta\vartheta} = \frac{1}{s} \cdot \int_{-\frac{s}{2}}^{+\frac{s}{2}} \vartheta dy - \vartheta_o \qquad (10\ a)$$

Für kurze Zeiten t ist $\bar{\vartheta} = \vartheta_A$

und es folgt:

$$\boxed{\alpha_t = \frac{1}{\sqrt{\pi}} \cdot \frac{\sqrt{\lambda \rho c}}{\sqrt{t}}} \qquad (11)$$

Für lange Zeiten t folgt aus Gl. 5:

$$\bar{\vartheta} - \vartheta_o = (\vartheta_A - \vartheta_o) \frac{4}{\pi} e^{-\pi^2 \frac{at}{s^2}} \int_{-\frac{1}{2}}^{+\frac{1}{2}} \cos \pi \frac{y}{s} \cdot d\frac{y}{s}$$

$$\bar{\vartheta} - \vartheta_o = (\vartheta_A - \vartheta_o) \frac{8}{\pi^2} e^{-\pi^2 \frac{at}{s^2}}$$

Damit wird nach Gl. 8 und 9:

$$\boxed{\alpha_t = \frac{\pi^2}{2} \cdot \frac{\lambda}{s}} \qquad (12)$$

Für praktische Fälle interessiert meist der integrale zeitliche Mittelwert des Wärmeübergangskoeffizienten:

$$\alpha \equiv \frac{1}{t} \int_o^t \alpha_t \, dt \qquad (13)$$

Es folgt aus Gl. 11:

$$\boxed{\alpha = \frac{2}{\sqrt{\pi}} \frac{\sqrt{\lambda \rho c}}{\sqrt{t}}} \quad (t \to 0) \qquad (11\ a)$$

und aus Gl. 12

$$\boxed{\alpha = \frac{\pi^2}{2} \frac{\lambda}{s}} \quad (t \to \infty) \qquad (12\ a)$$

Für kurze Zeiten t - Anlaufvorgänge - ist $\alpha$ unabhängig von der Plattendicke s. Das Temperaturfeld hat nur die Randzonen erfaßt; es hat Grenzschichtcharakter. Für $t \to 0$ strebt $\alpha \to \infty$.

Für lange Zeiten - Ausgleichvorgänge - ist $\alpha$ umgekehrt proportional der Plattendicke s, aber unabhängig von der Zeit t; der Wärmefluß $\dot{Q}$ (t) ändert sich nach dem gleichen Zeitgesetz wie die mittlere Übertemperatur $\overline{\Delta\vartheta}$.

Für mittlere Zeiten t gibt es keine einfache mathematische Lösung. Man ist hier auf Reihendarstellungen angewiesen. Eine recht gute Näherungsformel wird weiter unten gegeben.

Wir definieren nun noch einen dimensionslosen Wärmeübergangskoeffizienten:

$$\frac{\alpha s}{\lambda} \equiv Nu_s \tag{14}$$

die sog. Nußelt-Zahl.

(Wilhelm Nußelt, 1882 bis 1957, Prof. Dr.-Ing., TH Dresden, TH Karlsruhe, TH München.)

Für kurze Zeiten t ist

$$Nu_s = \frac{2}{\sqrt{\pi}} \sqrt{\frac{s^2}{at}},$$

und für lange Zeiten t

$$Nu_s = \frac{\pi^2}{2}$$

Die Größe $\frac{at}{s^2}$ nennt man die Fourier-Zahl $Fo_s$.

(Jean Baptiste Joseph Fourier, 1768 bis 1830, Prof. an der Kriegsschule und der polytechnischen Schule in Paris.)

Eine gute Näherungsformel, die den gesamten Bereich von $Fo = 0$ bis $Fo = \infty$ überdeckt, lautet:

$$Nu_s \cong \sqrt{\left(\frac{\pi^2}{2}\right)^2 + \frac{4}{\pi} \frac{1}{Fo_s}}, \tag{15}$$

gültig für die ebene Platte von der Dicke s.

Analog folgt für den Zylinder vom Durchmesser d:

$$\boxed{Nu_d \cong \sqrt{(5{,}78)^2 + \frac{4}{\pi}\,\frac{1}{Fo_d}}}\,, \tag{16}$$

worin $Nu_d = \frac{\alpha d}{\lambda}$ und $Fo_d = \frac{\alpha t}{d^2}$ sind.

Für die Kugel vom Durchmesser d gilt:

$$\boxed{Nu_d \cong \sqrt{(\frac{2}{3}\,\pi^2)^2 + \frac{4}{\pi}\,\frac{1}{Fo_d}}} \tag{17}$$

### 3.3 Die näherungsweise Berechnung der Auskühlung (Aufheizung) von Körpern bei konstanter Oberflächentemperatur.

a) ebene Platte

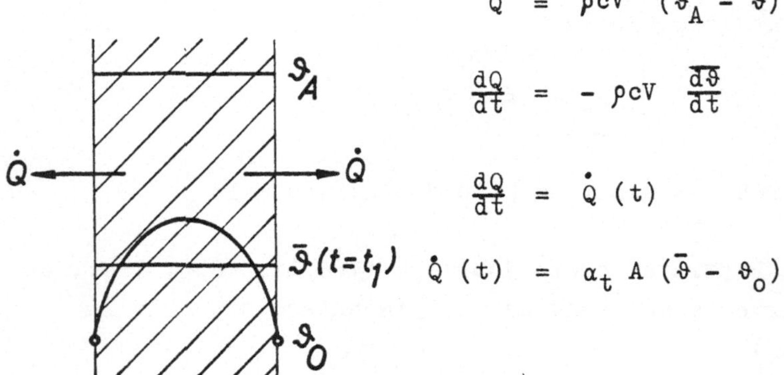


$$Q = \rho c V\ (\vartheta_A - \bar{\vartheta})$$

$$\frac{dQ}{dt} = -\,\rho c V\ \frac{d\bar{\vartheta}}{dt}$$

$$\frac{dQ}{dt} = \dot{Q}\ (t)$$

$$\dot{Q}\ (t) = \alpha_t\ A\ (\bar{\vartheta} - \vartheta_o)$$

Abb. 5

Daraus folgt:

$$\frac{\rho c V}{A} \int\limits_{\vartheta_A-\vartheta_o}^{\bar{\vartheta}-\vartheta_o} \frac{d(\bar{\vartheta} - \vartheta_o)}{\bar{\vartheta} - \vartheta_o} = - \int\limits_{o}^{t} \alpha_t \, dt$$

$$\rho c \frac{V}{A} \ln \frac{\bar{\vartheta} - \vartheta_o}{\vartheta_A - \vartheta_o} = - \alpha \cdot t$$

$$\boxed{\frac{\bar{\vartheta}(t) - \vartheta_o}{\vartheta_A - \vartheta_o} = e^{-\frac{\alpha A}{\rho c V} \cdot t}} \qquad (18)$$

worin $\frac{A}{V} = \frac{2}{s}$ und $\alpha$ nach Gl. 15 zu berechnen ist:

$$\alpha \cong \frac{\lambda}{s} \sqrt{\left(\frac{\pi^2}{2}\right)^2 + \frac{4}{\pi} \frac{s^2}{at}} ,$$

so daß

$$\boxed{\frac{\bar{\vartheta}(t) - \vartheta_o}{\vartheta_A - \vartheta_o} \cong e^{-2 \frac{at}{s^2} \sqrt{\left[\frac{\pi^2}{2}\right]^2 + \frac{4}{\pi} \cdot \frac{s^2}{at}}}} \qquad (18\ a)$$

folgt.

Die Näherungsgleichung 18 a hat eine Genauigkeit von $\pm$ 4 %.

b) Zylinder

Es gilt ebenfalls Gl. 18 mit $\frac{A}{V} = \frac{4}{d}$ und $\alpha$ nach Gl. 16.

c) Kugel

Es gilt Gl. 18 mit $\frac{A}{V} = \frac{6}{d}$ und $\alpha$ nach Gl. 17.

Gl. 18 kann auch in folgender Form geschrieben werden

$$\ln \frac{\bar{\vartheta}(t)-\vartheta_o}{\vartheta_A-\vartheta_o} = \frac{-\alpha A}{\rho c V}$$

und mit $\rho c V = \frac{Q}{\vartheta_A-\bar{\vartheta}(t_1)}$ folgt für die übertragene Wärmemenge

$$Q = \alpha A \frac{(\vartheta_A-\vartheta_o)-(\bar{\vartheta}(t_1)-\vartheta_o)}{\ln \frac{\vartheta_A-\vartheta_o}{\bar{\vartheta}(t_1)-\vartheta_o}} \cdot t_1 \qquad (19)$$

$$Q = \alpha A \cdot \Delta\vartheta_m \cdot t_1$$

Die zeitlich gemittelte Temperaturdifferenz $\Delta\vartheta_m$ ist also gleich dem logarithmischen Mittelwert aus den kalorischen Übertemperaturen $\overline{\Delta\vartheta}$ zur Zeit $t = 0$ und $t = t_1$.

# 4. Wärmeübertragung durch stationäre Wärmeleitung an bewegte Körper.

## 4.1 Berechnung des Temperaturfeldes

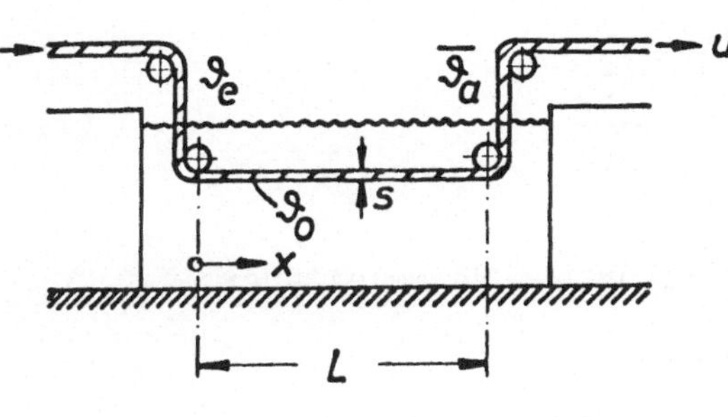


Abb. 1

Ein Kunststoffband von der Dicke s wird auf der Länge L mit der Geschwindigkeit u durch ein Wasserbad von der Temperatur $\vartheta_o$ gezogen. Die Oberflächentemperatur des Bandes sei gleich der Badtemperatur $\vartheta_o$.

Wie groß ist die mittlere Austrittstemperatur des Bandes $\bar{\vartheta}_a$, wenn die Eintrittstemperatur gegeben ist?

a) Aufstellung der Differentialgleichung des Temperaturfeldes im Band.

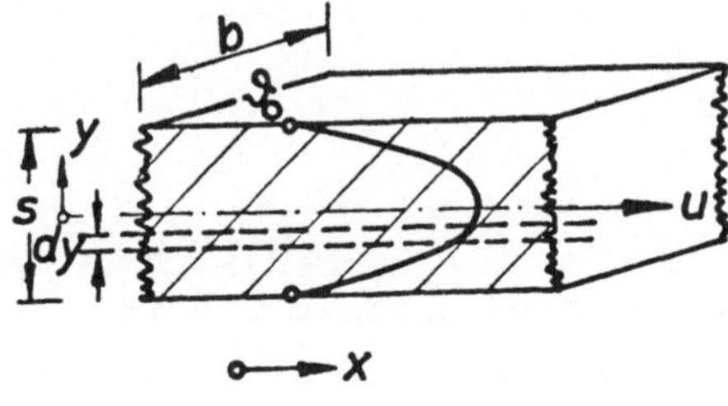


Abb. 2

Wärmebilanz:

$$(\dot{q}_y - \dot{q}_{y+dy})bdx = \rho cubdy \cdot (\vartheta_{x+dx} - \vartheta_x)$$

$$-\frac{\partial \dot{q}}{\partial y} = \rho cu \frac{\partial \vartheta}{\partial x} \qquad (1)$$

Die Änderung des Wärmeflußes in x-Richtung $\dot{q}_x - \dot{q}_{x+dx}$ ist hierbei gegenüber der Wärmeleitung in Bewegungsrichtung des Bandes vernachlässigt. Das bedeutet, daß die Bandgeschwindigkeit u nicht zu klein sein darf.

Wärmeleitung:

$$- \frac{\partial \dot{q}}{\partial y} = \lambda \frac{\partial^2 \vartheta}{\partial y^2} \tag{2}$$

Verknüpfung von Wärmebilanz und Wärmeleitung:

$$\boxed{a \frac{\partial^2 \vartheta}{\partial y^2} = u \frac{\partial \vartheta}{\partial x}} \tag{3}$$

b) Lösung der Dgl.:

Bedenkt man, daß

$$\frac{x}{u} = t \tag{4}$$

die Verweilzeit eines Teilchens des Bandes im Bad ist, dann geht die Gl. 3 über in die Gleichung 3, Kap. 3:

$$a \frac{\partial^2 \vartheta}{\partial y^2} = \frac{\partial \vartheta}{dt}$$

Da nun auch hier die gleichen Randbedingungen wie in Kap. 3 vorliegen ($\vartheta_o$ = const.), gelten auch die gleichen Lösungen wie in Kap. 3, nämlich

$$Nu_s \cong \sqrt{(\frac{\pi^2}{2})^2 + \frac{4}{\pi} \frac{1}{Fo_s}} \tag{5}$$

für das ebene Band von der Dicke s bzw.

$$Nu_d \cong \sqrt{(5{,}78)^2 + \frac{4}{\pi} \frac{1}{Fo_d}} \qquad (6)$$

für einen durchlaufenen Draht vom Durchmesser d.

Ersetzt man in $\frac{1}{Fo_s} = \frac{s^2}{at}$ die Verweilzeit t nach Gl. 4, so gilt

$$\frac{1}{Fo_s} = \frac{us}{a} \cdot \frac{s}{L} = Pe_s \frac{s}{L}$$

beim ebenen Band, bzw.

$$\frac{1}{Fo_d} = \frac{ud}{a} \cdot \frac{d}{L} = Pe_d \frac{d}{L}$$

beim Draht.

Pe nennt man die Péclet'sche Kennzahl.

Sodann kann man auch schreiben

$$Nu_s \cong \sqrt{\left(\frac{\pi^2}{2}\right)^2 + \frac{4}{\pi} Pe_s \frac{s}{L}} \qquad (5\ a)$$

bzw.

$$Nu_d \cong \sqrt{(5{,}78)^2 + \frac{4}{\pi} Pe_d \frac{d}{L}} \qquad (6\ a)$$

c) Berechnung der mittleren Bandaustrittstemperatur $\bar{\vartheta}_a$.

Es gilt die gleiche Beziehung wie Gl. 18, Kap. 3.

$$\frac{\bar{\vartheta}_a - \vartheta_o}{\vartheta_e - \vartheta_o} = e^{-\frac{\alpha A}{\rho c V} t} = e^{-2 \frac{\alpha L}{\rho c u s}} = e^{-\frac{\alpha A}{\rho c \dot{V}}} \qquad (7)$$

worin α nach Gl. 5 a berechnet wird.

Ist $\bar{\vartheta}_a$ vorgegeben und die Größe der erforderlichen wärmeaustauschenden Oberflächen gesucht, so formt man die Gleichung 7 zweckmäßig um:

$$A = \frac{\rho c \dot{V}}{\alpha} \ln \frac{\vartheta_e - \vartheta_o}{\bar{\vartheta}_a - \vartheta_o} \qquad (7\ a)$$

Mit der Wärmebilanz

$$\rho\ c\ \dot{V}\ (\vartheta_e - \bar{\vartheta}_a) = \dot{Q} \qquad (8)$$

folgt noch

$$A = \frac{\dot{Q}}{\alpha} \frac{\ln \frac{\vartheta_e - \vartheta_o}{\bar{\vartheta}_a - \vartheta_o}}{\vartheta_e - \bar{\vartheta}_a} = \frac{\dot{Q}}{\alpha} \cdot \frac{1}{\Delta\vartheta_m} \qquad (9)$$

$\Delta\vartheta_m$ nennt man die mittlere logarithmische Temperaturdifferenz, vgl. Gleichung 19, Kap. 3.

## 5. Wärmeübertragung durch stationäre Wärmeleitung an laminar strömende Flüssigkeiten und Gase.

### 5.1 Berechnung des Temperaturfeldes

Wir denken uns das Kunststoffband im Kap. 4 durch einen dünnwandigen Blechkanal von der Breite s, der z.B. von Luft mit der mittleren Geschwindigkeit $\bar{u}$ durchströmt wird, ersetzt. Die Wandtemperatur des

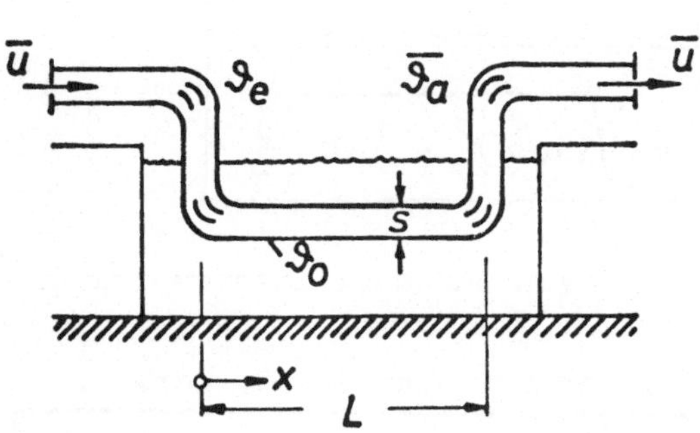


Abb. 1

Kanals wird durch das Wasserbad auf $\vartheta_0$ gehalten. Die Luft tritt mit der Temperatur $\vartheta_e$ ein.

Wir groß ist ihre mittlere Austrittstemperatur $\overline{\vartheta_a}$?

Im Unterschied zu dem durchlaufenden Kunststoffband haben hier die einzelnen Strombahnen verschiedene Durchlaufgeschwindigkeiten u = u (y). Die mittlere Durchlaufgeschwindigkeit $\bar{u}$ errechnet sich aus dem Luftdurchsatz

$$\bar{u} = \frac{\dot{V}}{bs} \qquad (1)$$

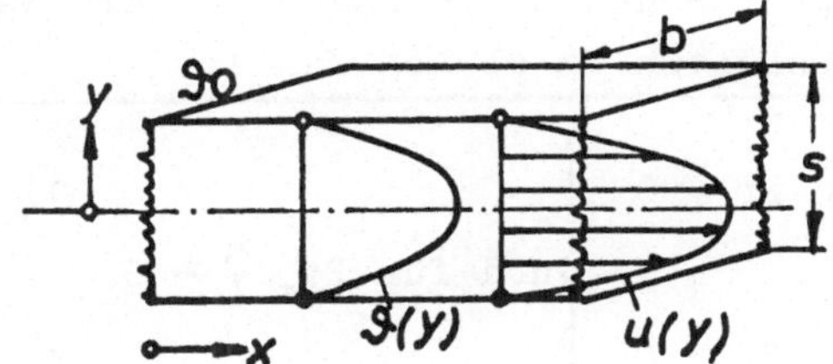


Abb. 2

a)

Die Differentialgleichung zur Berechnung des Temperaturfeldes lautet

$$u(x,y)\ \frac{\partial \vartheta}{\partial x} + v\ (x,y)\ \frac{\partial \vartheta}{\partial y} = a\ \frac{\partial^2 \vartheta}{\partial y^2}\ , \qquad (2)$$

wenn man wieder die Wärmeleitung in Strömungsrichtung vernachlässigt. u ist die lokale Längs- und v die lokale Quergeschwindigkeit der Strömung. Letztere tritt als Folge der Kontinuitätsgleichung

$$\frac{\partial u}{\partial x} + \frac{\partial v}{\partial y} = 0 \qquad (3)$$

auf, wenn sich das Geschwindigkeitsprofil u (y) längs des Strömungsweges ändert. Dies ist innerhalb der hydrodynamischen Anlaufstrecke der Fall.

Die Differentialgleichung zur Berechnung des Geschwindigkeitsfeldes folgt aus dem Impulssatz:

$$\rho \left(u \frac{\partial u}{\partial x} + v \frac{\partial u}{\partial y}\right) + \frac{\partial P}{\partial x} = \eta \frac{\partial^2 u}{\partial y^2} \qquad (4)$$

b)

Die Integration der Gleichungen 2, 3 und 4 führt zu folgenden asymptotischen Gleichungen für die Wärmeübergangskoeffizienten im ebenen Kanal:

$$Nu_s = \frac{\pi^2}{2} \quad \text{für } Pr = 0 \qquad \text{a)}$$

$$Nu_s = 3{,}78 \quad \text{für } Pr > 0 \qquad \text{b)}$$

und für $Pe_s \frac{s}{L} \to 0$ (5)

und für $Pe \frac{s}{L} \to \infty$ (6):

a) $Nu_s = \frac{2}{\sqrt{\pi}} \sqrt{Pe_s \frac{s}{L}}$ für Pr=0 (thermischer Anlauf in reibungsfreier Strömung)

b) $Nu_s = \frac{0{,}664}{\sqrt[6]{Pr}} \sqrt{Pe_s \frac{s}{L}}$ für 0,5<Pr<5oo (hydr. und therm. Anlauf)

c) $Nu_s = 1{,}45 \sqrt[3]{Pe_s \frac{s}{L}}$ für $Pr \to \infty$ (therm. Anlauf in hydr. ausgebildeter Strömung)

Hierin ist $Pr = \frac{\nu}{a} = \frac{\eta c_p}{\lambda}$ die sog. Prandtl-Zahl.

(Ludwig Prandtl, 1875 bis 1953, Prof. Dr.-Ing., Begründer der Aerodynamischen Versuchsanstalt und des Kaiser Wilhelm Institutes für Strömungsforschung, Göttingen).

Zu den einzelnen Gleichungen 5 a, b, 6 a, b, c gehören folgende Geschwindigkeits- und Temperaturprofile:

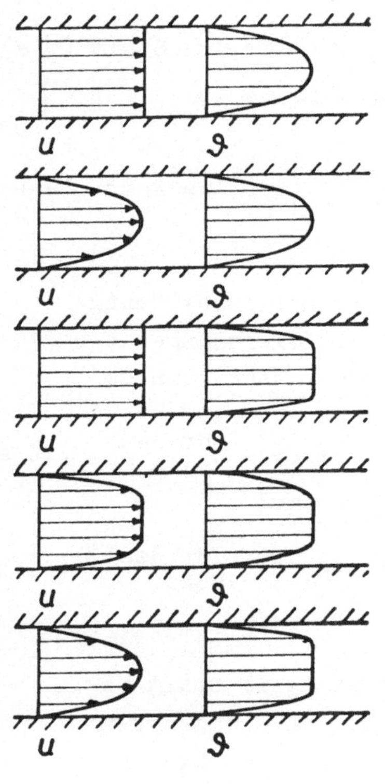


Gl. 5 a: Kolbenströmung, ausgebildetes Temperaturprofil

Gl. 5 b: ausgebildetes Geschwindigkeits- und Temperaturprofil

Gl. 6 a: Kolbenströmung, thermisches Grenzschichtprofil

Gl. 6 b: hydrodynamisches und thermisches Grenzschichtprofil

Gl. 6 c: ausgebildetes Geschwindigkeitsprofil, thermisches Grenzschichtprofi

Für das durchströmte Rohr erhält man analog:

anstelle Gl. 5 a: $$Nu_d = 5{,}78 \qquad (7\ a)$$

anstelle Gl. 5 b: $$Nu_d = 3{,}65 \qquad (7\ b)$$

anstelle Gl. 6 a: $$Nu_d = \frac{2}{\sqrt{\pi}}\sqrt{Pe_d \frac{d}{L}} \qquad (8\ a)$$

| | | |
|---|---|---|
| anstelle Gl. 6 b: | $Nu_d = \frac{0{,}664}{\sqrt[6]{Pr}} \sqrt{Pe_d \frac{d}{L}}$ | (8 b) |
| anstelle Gl. 6 c: | $Nu_d = 1{,}61 \sqrt[3]{Pe_d \frac{d}{L}}$ | (8 c) |

Die Gl. 5 a und 6 a, die man näherungsweise zusammenfassen kann zu

$$Nu_s \cong \sqrt{\left(\frac{\pi^2}{2}\right)^2 + \frac{4}{\pi} Pe_s \frac{s}{L}} \quad \text{für den Spalt (9 a)}$$

bzw.

$$Nu_d \cong \sqrt{5{,}78^2 + \frac{4}{\pi} Pe_d \frac{d}{L}} \quad \text{für das Rohr (9 b)}$$

liefern die größten Nu-Zahlen, die bei Laminarströmung im Spalt bzw. Rohr möglich sind und die Gleichungen 5 b und 6 c, die man näherungsweise zusammenfassen kann zu

$$Nu_s \cong \sqrt[3]{3{,}78^3 + 1{,}45^3\ Pe_s \frac{s}{L}} \quad \text{für den Spalt (10 a)}$$

bzw.

$$Nu_d \cong \sqrt[3]{3{,}65^3 + 1{,}61^3\ Pe_d \frac{d}{L}} \quad \text{für das Rohr (10 b)}$$

liefern die kleinsten bei Laminarströmung im Spalt bzw. Rohr möglichen Nu-Zahlen. Zwischen diesen Grenzkurven liegen die Nu-Zahlen nach den Gleichungen 6 b bzw. 8 b, womit der Gültigkeitsbereich dieser Gleichungen festgelegt ist.

c)

Die Berechnung der Austrittstemperatur $\bar{\vartheta}_a$ geschieht wieder nach Kap. 4, Gleichung 7. Ist $\vartheta_a$ gegeben und die Austauschfläche A gesucht, so verwendet man die Gleichung 9, Kap. 4.

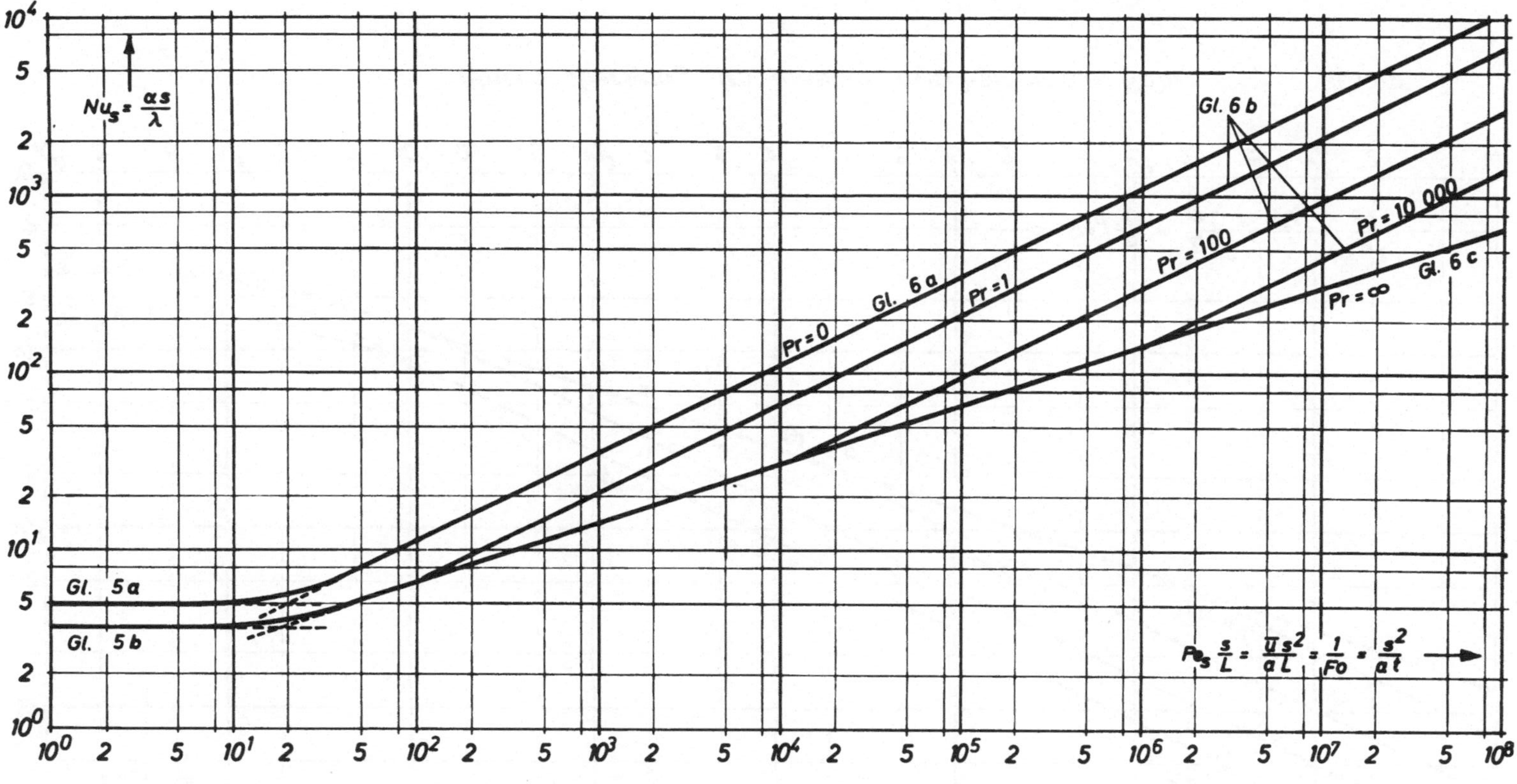


Wärmeübergang im laminar durchströmten Spalt Diagr. 1

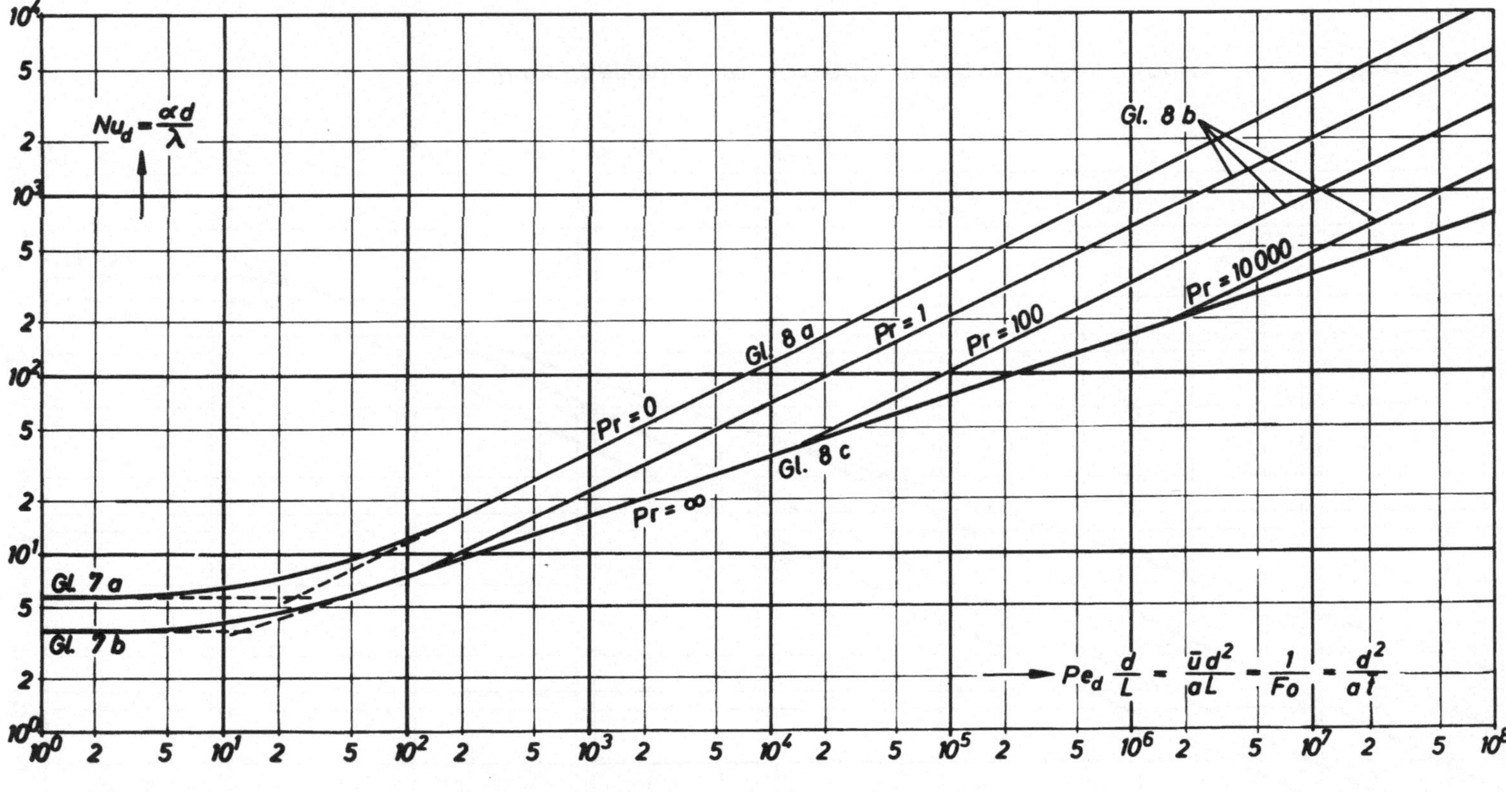


Wärmeübergang im laminar durchströmten Rohr

Diagr. 2

## 6. Wärmeübertragung durch stationäre Wärmeleitung an turbulent strömende Flüssigkeiten und Gase in Rohren und hydraulisch ähnlichen Querschnitten.

Bei turbulenter Strömung gibt es Wärmeleitung nur in unmittelbarer Nähe der Wand. In größerer Entfernung von der Wand beobachtet man als Folge einer hydrodynamischen Instabilität der Strömung turbulente Mischbewegungen, die einen zusätzlichen Wärmetransport verursachen, der in der Regel weit größer ist als die molekulare Wärmeleitung. Für diesen zusätzlichen Wärmetransport gibt es bis heute keinen dem Fourier'schen Wärmeleitgesetz analogen Ansatz, weshalb man auch für turbulente Strömungen keine der Gleichung 2, Kap. 5 analoge Differentialgleichung anschreiben kann.

Dessen ungeachtet, gilt aber unmittelbar an der Wand auch bei turbulenter Strömung für die übertragene Wärmemenge das Fourier'sche Wärmeleitgesetz

$$\dot{q} = - \lambda \left[\frac{\partial \vartheta}{\partial y}\right]_{Wand}, \qquad (1)$$

da an der Wand die turbulenten Mischbewegungen auf jeden Fall verschwinden, (die Wand ruht!).

Das Problem bei der turbulenten Strömung besteht also in der Bestimmung des Temperaturgefälles $\left[\frac{\partial \vartheta}{\partial y}\right]_{Wand}$ an der Wand. Man ist hier auf Versuchswerte angewiesen. Eine Zusammenfassung vieler Versuchswerte für die turbulente Rohrströmung führt nach Hausen *) zu folgender empirischen Gleichung:

$$Nu_d = 0{,}037 \left(1+\left[\frac{d}{L}\right]^{2/3}\right) \left(Re_d^{0{,}75} - 180\right) Pr^{0{,}42} \qquad (2)$$

*) H. Hausen, Allgem. Wärmetechnik 9 (1959) S. 75/79.

$$2300 < Re < 10^6, \; Re = \frac{\bar{u}d}{\nu}$$

$$0{,}6 < Pr < 500, \; Pr = \frac{\nu}{a}$$

$$1 < \frac{L}{d} < \infty$$

oder $$1 > \frac{d}{L} > 0$$

Für lange Rohre und große Reynolds-Zahlen Re (Osborne Reynolds, 1842 bis 1912) vereinfacht sich diese Gleichung zu

$$Nu_d = 0{,}037 \; \frac{Pe_d^{3/4}}{Pr^{1/3}} \qquad (3)$$

Für unrunde Querschnitte ist anstelle des Rohrdurchmessers der hydraulische Durchmesser

$$d_h = 4 \, \frac{f}{U} = 4 \; \frac{\text{Strömungsquerschnitt}}{\text{Umfang}} \qquad (4)$$

einzusetzen. Für den ebenen Spalt folgt z.B. $d_h = 2\,s$.

## 7. Zusammenfassende Darstellung der Grundgesetze der Wärmeübertragung durch Kontakt an ruhende und bewegte Festkörper sowie an durchströmte Kanäle.

Die Wärmeübertragung - ausgedrückt durch die dimensionslose Wärmeübergangszahl Nu - ist bei ruhenden und bewegten Festkörpern sowie bei laminar strömenden Flüssigkeiten und Gasen mit ausgebildetem Strömungsprofil allein eine Funktion der dimensionslosen Kontaktzeit Fo.

$$Nu_s = \frac{\alpha s}{\lambda} \qquad Fo_s = \frac{at}{s^2}$$

(vgl. Gl. 15, Kap. 3, Gl. 5, Kap. 4, Gl. 5 a, b, 6 a,b,c, Kap. 5)

bzw.

$$Nu_d = \frac{\alpha d}{\lambda} \qquad Fo_d = \frac{at}{d^2}$$

(vgl. Gl. 16, 17, Kap. 3, Gl. 6, Kap. 4, Gl. 7 a, b, 8 a,b,c, Kap. 5)

Bei bewegten Körpern und strömenden Medien wird die mittlere Kontaktzeit t üblicherweise durch die mittlere Strömungsgeschwindigkeit $\bar{u}$ und den Kontaktweg L ausgedrückt

$$t = \frac{L}{\bar{u}},$$

und $\frac{1}{Fo_s}$ durch $Pe_s \frac{s}{L} = \frac{\bar{u}s^2}{aL}$ bzw. $\frac{1}{Fo_d} = Pe_d \frac{d}{L}$ ersetzt.

Ist bei laminar strömenden Medien das Strömungsprofil noch nicht voll ausgebildet, so hängt Nu nicht nur von $Fo_s$ ($Fo_d$) bzw. $Pe_s \frac{s}{L}$ ($Pe_d \frac{d}{L}$), sondern auch noch von der relativen Viskosität, der sog. Prandtl-Zahl $Pr = \frac{\nu}{a}$ ab.

Strömt das Medium turbulent, so hängt Nu außer von $Fo_s$ ($Fo_d$) bzw. $Pe_s \frac{s}{L}$ ($Pe_d \frac{d}{L}$) und Pr auch noch vom Verhältnis des Kanaldurchmessers d zur Kanallänge L ab.

Eine vollständige Beschreibung des Wärmeüberganges im durchströmten Kanal hat demnach mindestens drei Argumente:

$$Nu_s = Nu_s \left(Pe_s \frac{s}{L}, Pr, \frac{s}{L}\right)$$

bzw.

$$Nu_d = Nu_d \left(Pe_d \frac{d}{L}, Pr, \frac{d}{L}\right)$$

Bedenkt man, daß Pr eine reine Stoffeigenschaft ist,so könnte man eine grobe Staffelung nach Pr-Zahlen wie folgt vornehmen:

Pr = 0,7 (Gase und normale Flüssigkeiten etwa beim Siedepunkt)

Pr = 7 (normale Flüssigkeiten etwa beim Erstarrungspunkt)

Pr = 70 (zähe Flüssigkeiten)

Pr = 700 (sehr zähe Flüssigkeiten)

In den folgenden vier Diagrammen (1 bis 4) ist jeweils für Pr = const. $Nu_d$ als Funktion von Pe $\frac{d}{L}$ mit $\frac{d}{L}$ als Parameter für das durchströmte Rohr dargestellt.

Bei kleinen Pr-Zahlen und großen $\frac{d}{L}$-Werten unterschneiden die Kurven für turbulente Strömung diejenigen, die für laminare Anlaufströmung, z.T. sogar auch diejenigen Kurven, die für ausgebildete Laminarströmung gelten. Da es physikalisch nicht möglich ist, daß der turbulente Wärmeübergang schlechter als der laminare ist, gelten in diesen Fällen die Laminarkurven. Der Gültigkeitsbereich der Gl. 2, Kap. 6 ist in diesen Fällen stärker eingeschränkt.

In dem Gebiet zwischen den Laminarkurven a und b liegen die Fälle mit hydrodynamischen und thermischen Vorschaltstrecken; in dem Gebiet zwischen den Laminarkurven b und c liegen die Fälle mit hydrodynamischen Vorschaltstrecken allein. Längs der Laminarkurve c hat man keinerlei Vorschaltstrecken. Das Fehlen von Vorschaltstrecken ist in der technischen Praxis das übliche. Die Funktion Nu $(Pe \frac{d}{L}, \frac{d}{L})$ verläuft dann längs der Kurve a bei sehr kleinen $Pe\frac{d}{L}$-Zahlen über die Kurven b und c bei mittleren $Pe \frac{d}{L}$-Zahlen. Bei kleinen Pr-Zahlen geht die Kurve a praktisch direkt in die Kurve c unter Auslassung der Kurve b über. Ebenso ist bei sehr kleinen $\frac{d}{L}$-Werten ein direkter Übergang von Kurve a auf die Kurven d möglich.

d) turbulente Strömung
Nu_d
Pr = 0,7
d/L = 0,001
d/L = 0,01
d/L = 0,1
d/L = 1
laminare Strömung
c) hydrodyn. u. thermischer Anlauf
b) hydrodyn. ausgeb. thermischer Anlauf
Re = 2300
a) hydrodyn. u. thermisch ausgebildete Strömung
3,65
Pe_d d/L

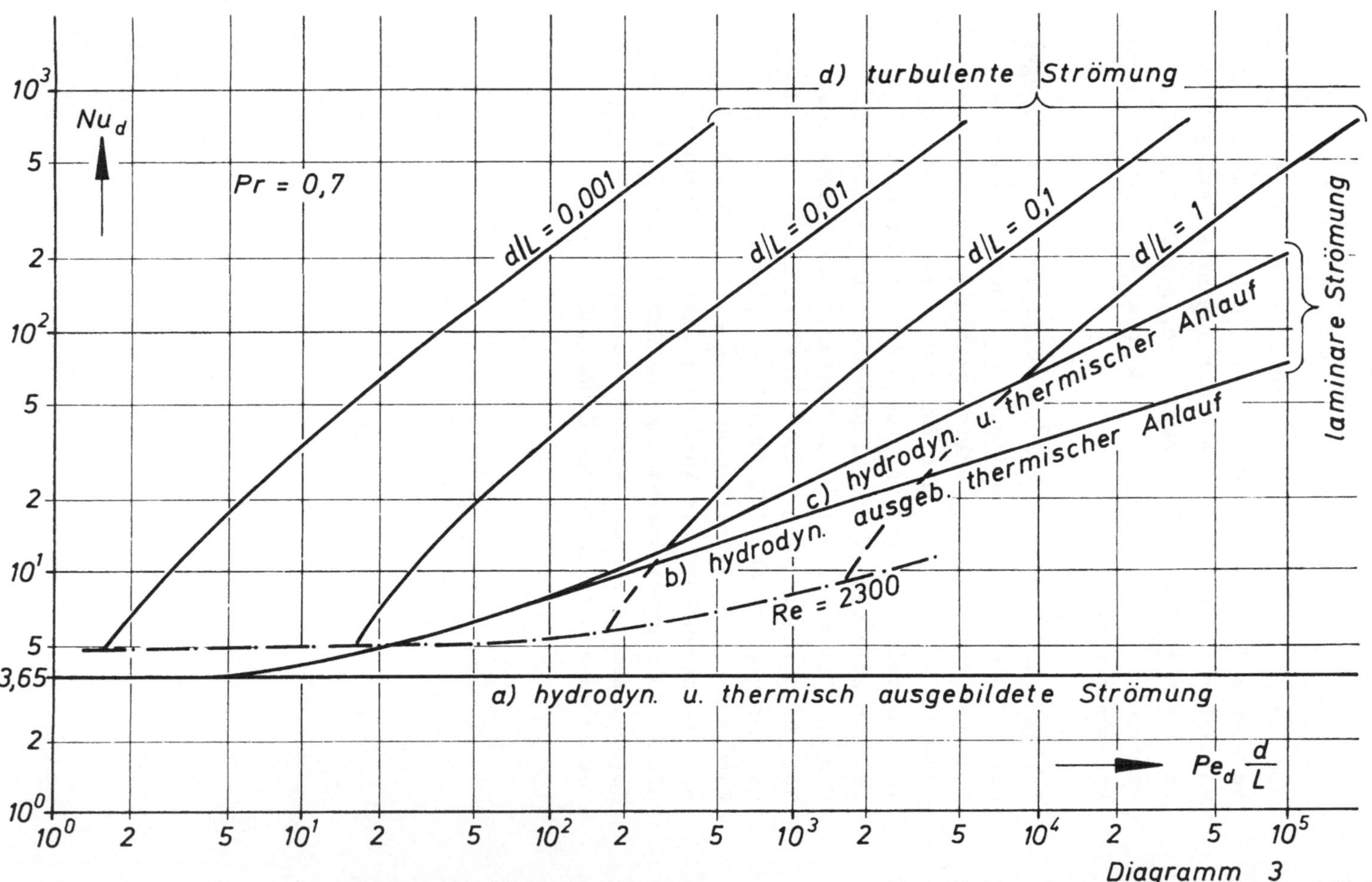

Diagramm 3

d) turbulente Strömung
$Nu_d$
Pr = 7
d/L = 0,001
d/L = 0,01
d/L = 0,1
d/L = 1
laminare Str.
c) hydr. u. therm. Anl.
b) hydrodyn. ausgeb. therm. Anl.
Re = 2300
a) hydrodyn. u. thermisch ausgebildete Strömung
$Pe_d \frac{d}{L}$
$10^3$
5
2
$10^2$
5
2
$10^1$
5
3,65
2
$10^0$
$10^0$ 2 5 $10^1$ 2 5 $10^2$ 2 5 $10^3$ 2 5 $10^4$ 2 5 $10^5$
Diagramm 4

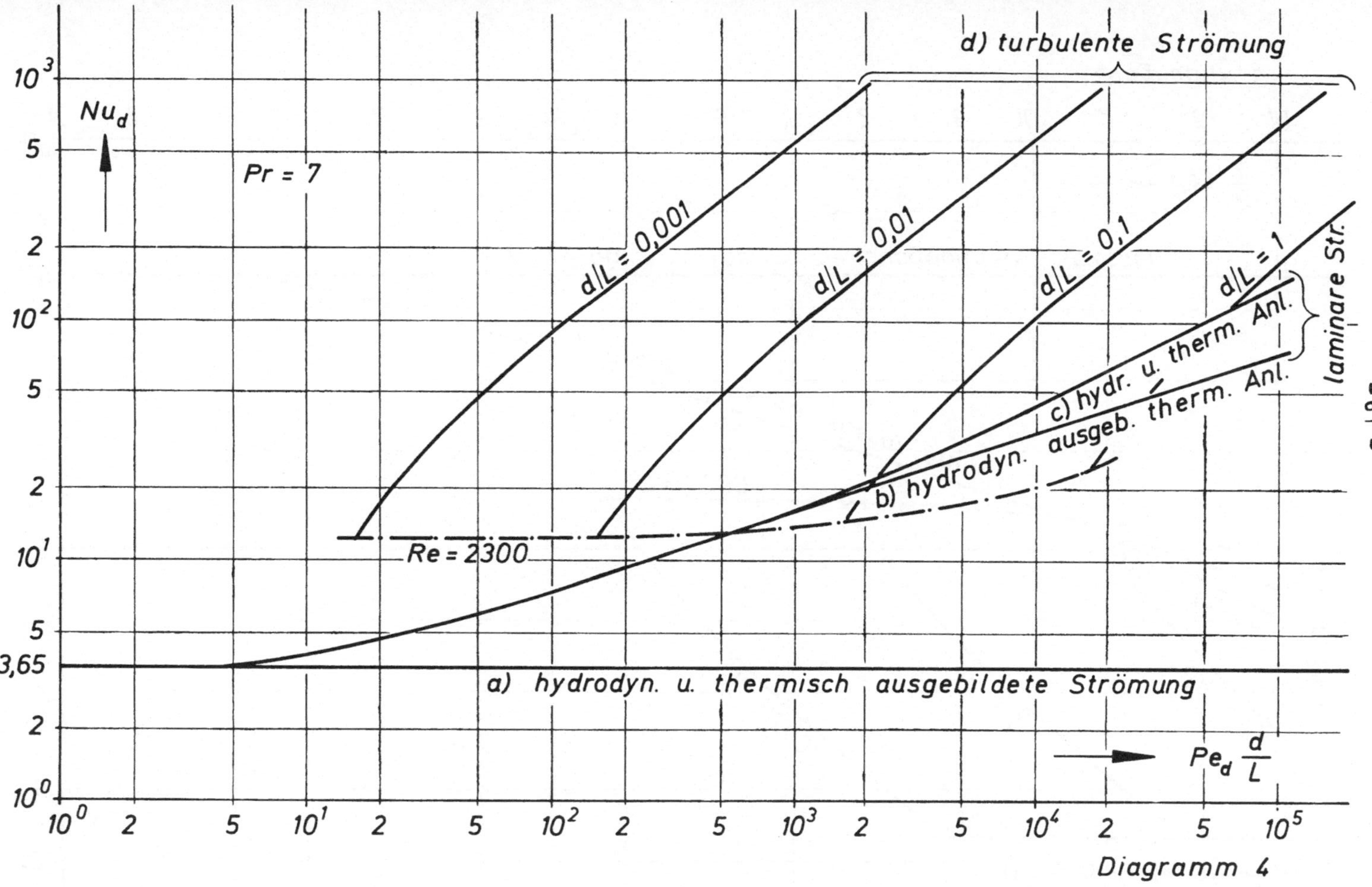

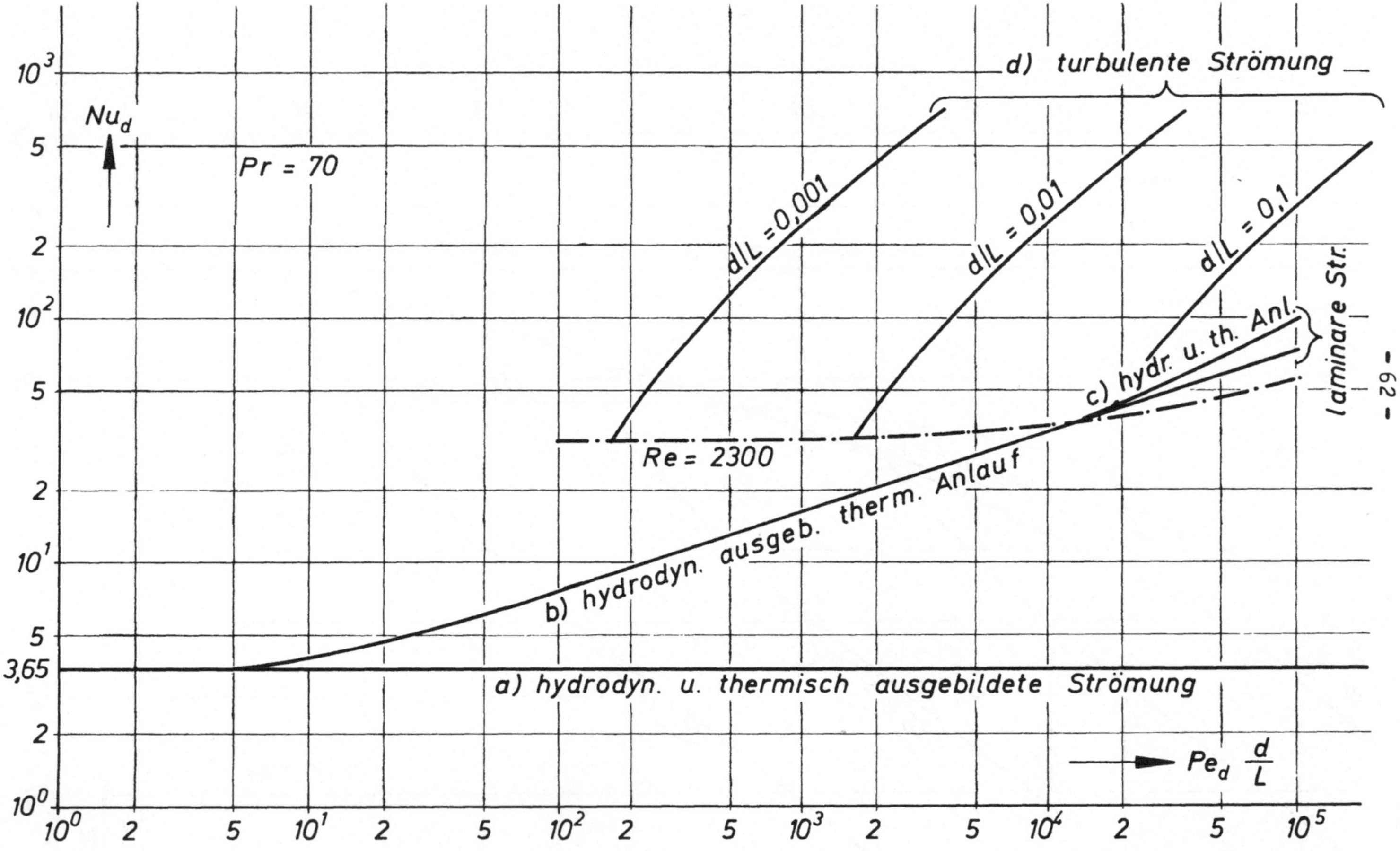

$Nu_d$

Pr = 70

d) turbulente Strömung

d|L = 0,001

d|L = 0,01

d|L = 0,1

laminare Str.

c) hydr. u. th. Anl.

Re = 2300

b) hydrodyn. ausgeb. therm. Anlauf

a) hydrodyn. u. thermisch ausgebildete Strömung

$10^3$, 5, 2, $10^2$, 5, 2, $10^1$, 5, 3,65, 2, $10^0$

$10^0$, 2, 5, $10^1$, 2, 5, $10^2$, 2, 5, $10^3$, 2, 5, $10^4$, 2, 5, $10^5$

$Pe_d \frac{d}{L}$

Diagramm 5

d) turbulente Str.
$Nu_d$
Pr = 700
d/L = 0,001
d/L = 0,01
d/L = 0,1
Re = 2300
laminare Str.
b) hydrodyn. ausgebildeter thermischer Anlauf
a) hydrodyn. u. thermisch ausgebildete Strömung
3,65
$Pe_d \frac{d}{L}$

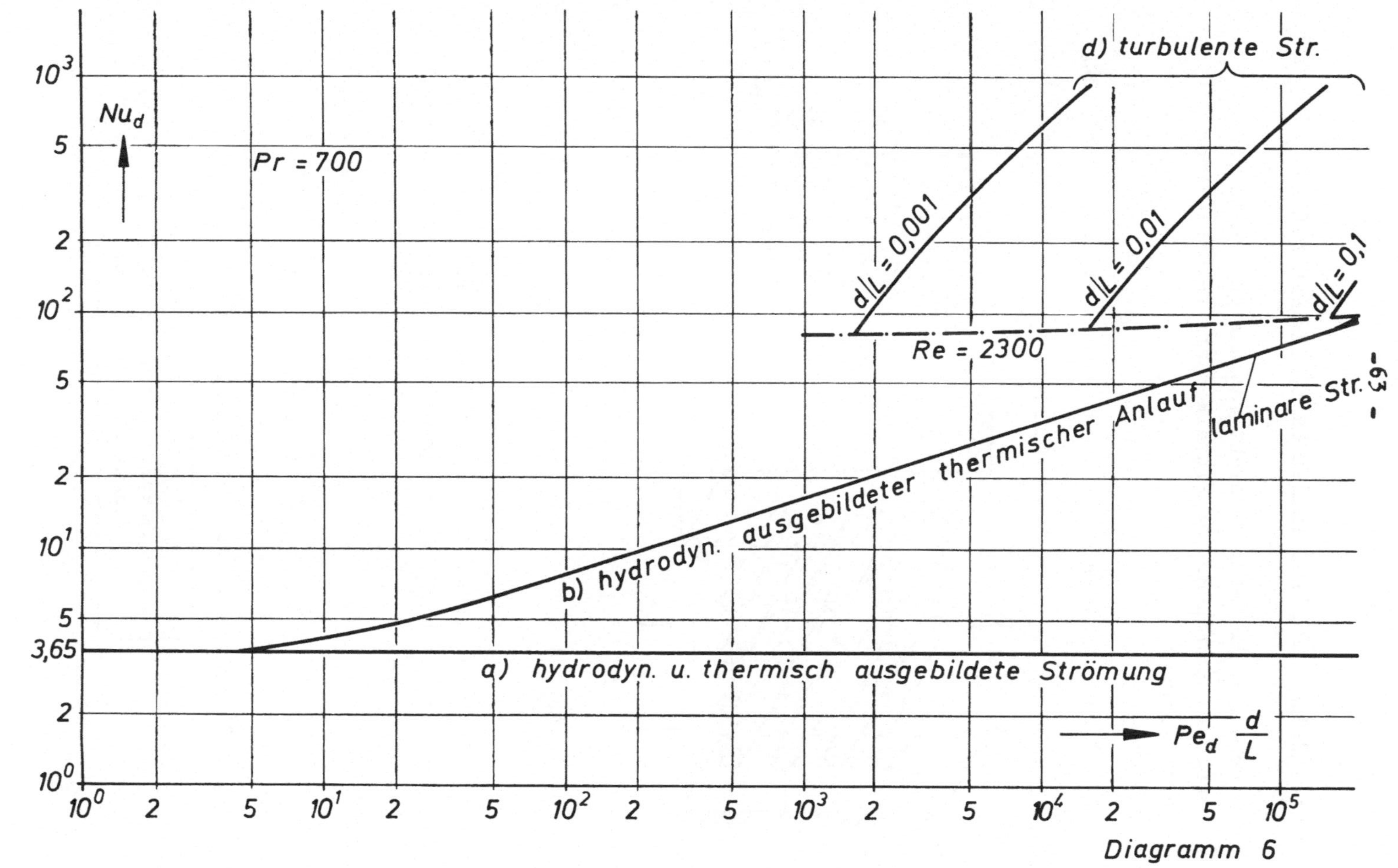

Diagramm 6

## 8. Wärmeübertragung in durchströmten Haufwerken

Unter einem Haufwerk versteht man die geordnete oder regellose Anordnung von Einzelkörpern verschiedener Form; z.B.:

a) Rohrregister b) Kugelschüttung

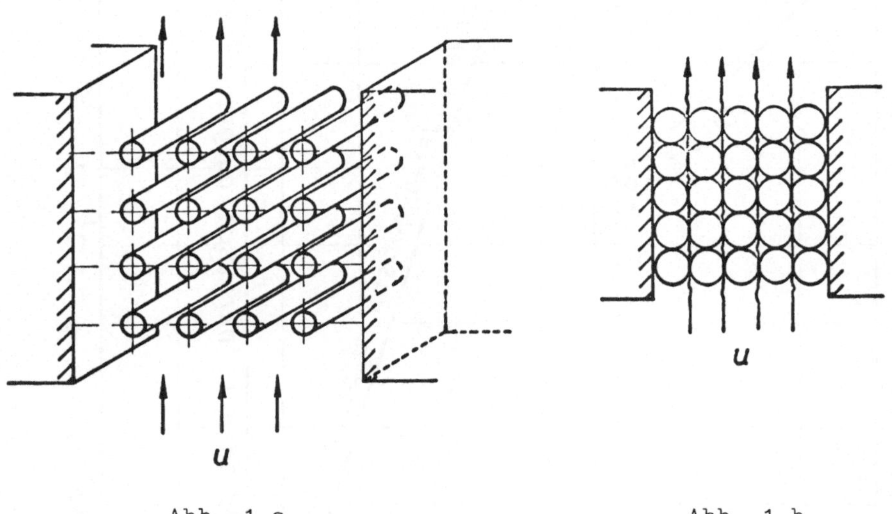


Abb. 1 a Abb. 1 b

Eine für die effektive Strömungsgeschwindigkeit im Innern eines solchen Haufwerkes wesentliche Größe ist das sog. Lückenvolumen.
Es gilt:

$$V_{Lücken} + V_{Körper} = V_{gesamt}$$

Man definiert ein relatives Lückenvolumen

$$\boxed{\psi = \frac{V_{Lücken}}{V_{gesamt}} = 1 - \frac{V_{Körper}}{V_{gesamt}}} \qquad (1)$$

Die mittlere Strömungsgeschwindigkeit im Innern des Haufwerkes errechnet sich wie folgt:

$$\bar{u} = \frac{\dot{V}}{f_{ges}\,\psi} \tag{2}$$

Hierin ist $\dot{V}$ der Volumendurchsatz und $f_{ges}$ der Strömungsquerschnitt des leergedachten Kanals.

Der hydraulische Durchmesser der Strömungskanäle im Innern des Haufwerkes ist wie folgt definiert:

$$d_h = 4\,\frac{V_{Lücke}}{A} \tag{3}$$

$$d_h = 4\,\frac{\psi}{A/V_{ges}} = 4\,\frac{\psi}{1-\psi}\,\frac{V_P}{A_P} \tag{3 a}$$

Hierin ist A die bespülte Oberfläche im Innern des Haufwerkes, $A/V_{ges}$ die je Volumeneinheit vorhandene innere Oberfläche, $V_P$ das Volumen und $A_P$ die Oberfläche eines einzelnen Partikels. (Für eine Kugel z.B. ist $V_P/A_P = \frac{1}{6}\,d$.)

Aus Versuchen hat sich ergeben, daß eine einheitliche formelmäßige Beschreibung von Wärmeübergangskoeffizienten in Haufwerken aller Art am besten mit einem modifizierten hydraulischen Durchmesser

$$d_h^* = d_h\,\frac{L}{h} \tag{4}$$

gelingt. Hierin ist L wieder die Anströmlänge (vgl. Kap. 9) und h der mittlere Abstand der Partikel in Strömungsrichtung.

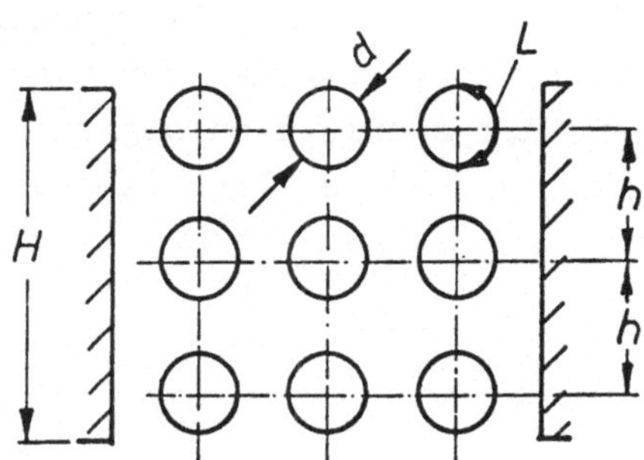


Für regelmäßige Anordnungen (Rohrregister, geordnete Kugelpackungen usw.) ist h aus dem geometrischen Aufbau des Haufwerkes gegeben.

Für regellose Schüttungen wird h wie folgt berechnet:
Ist z die Anzahl der Partikel je Volumeneinheit, so gilt

$$z\,V_P = 1 - \psi \qquad (5)$$

und

$$h = \frac{1}{\sqrt[3]{z}} \quad \text{oder} \qquad (6)$$

$$\boxed{h = \sqrt[3]{\frac{V_P}{1-\psi}}} \qquad (7)$$

Für eine Kugelpackung erhalten wir dann

$$d_h^* = 4\,\frac{\psi}{(1-\psi)^{2/3}}\,\frac{V_P^{\,2/3}}{A_P}\,L$$

oder

$$d_h^* = \sqrt[3]{\frac{16}{9\pi}\,\frac{\psi^3}{1-\psi^2}}\cdot L\,, \qquad (8)$$

Mit $\bar{u}$ und $d_h^*$ lassen sich nun die Kennzahlen $Pe_{d_h^*}\,\frac{d_h^*}{L}$ und $Nu_{d_h^*}$ berechnen:

$$Pe_{d_h^*}\,\frac{d_h^*}{L} = \frac{\bar{u}\,d_h^{*2}}{aL} \quad \text{und} \quad Nu_{d_h^*} = \frac{\alpha d_h^*}{\lambda}\,,$$

wenn man für L die sog. Anströmlänge, vgl. Kap. 9, der Haufwerkskörper einsetzt.

Aus Versuchen wurde gefunden, daß $Nu_{dh}^*$ als Funktion $Pe_{dh}\,\frac{d_h^*}{L}$ ebenfalls aus den für das Kreisrohr gültigen Diagrammen 3 bis 6, Kap. 7 abgelesen werden kann, wenn man zuvor noch dem Parameter $\frac{d_h^*}{L}$ entsprechend der nachfolgend abgebildeten Parameterzuordnungskurve, vgl. Abb. 3, auf den Parameter $[\frac{d}{L}]_{Rohr}$ umrechnet.

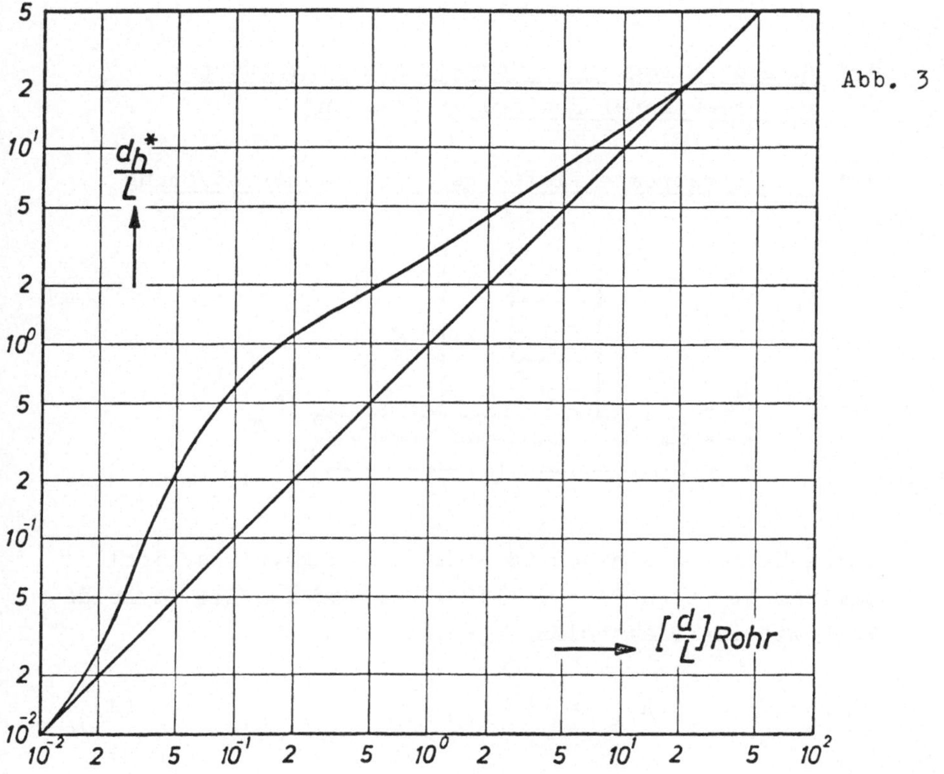


Abb. 3

Die Gl. 2, Kap. 6 für turbulente Durchströmung, geht damit über in

$$Nu_{d_h^*} = 0{,}037\ (1+[\frac{d}{L}]_{Rohr}^{2/3})\ (\frac{[Re_{d_h^*}\ \frac{d_h^*}{L}]^{0,75}}{[\frac{d}{L}]_{Rohr}^{0,75}} - 180)\ Pr^{0,42} \qquad (9)$$

Für sehr kleine Reynoldszahlen gelten die Gl. 8 b bzw. 7 b, Kap. 5 für Laminarströmung, wenn man dort d durch $d_h^*$ ersetzt:

$$Nu_{d_h^*} \cong 3{,}65 \qquad (10)$$

$$Nu_{d_h^*} \cong \frac{0{,}664}{\sqrt[6]{Pr}} \sqrt{Pe_{d_h^*}\ \frac{d_h^*}{L}} \qquad (11)$$

Gl. 9 gilt nur, solange die nach ihr berechneten $Nu_{d_h^*}$-Zahlen größer sind, als die nach Gl. 11 bzw. 10. Sind sie kleiner, so sind die Gl. 11 bzw. 10 anzuwenden.

# 9. Wärmeübertragung an überströmte Einzelkörper bei erzwungener und freier Strömung

## 9.1 Die überströmte Platte bei erzwungener Strömung

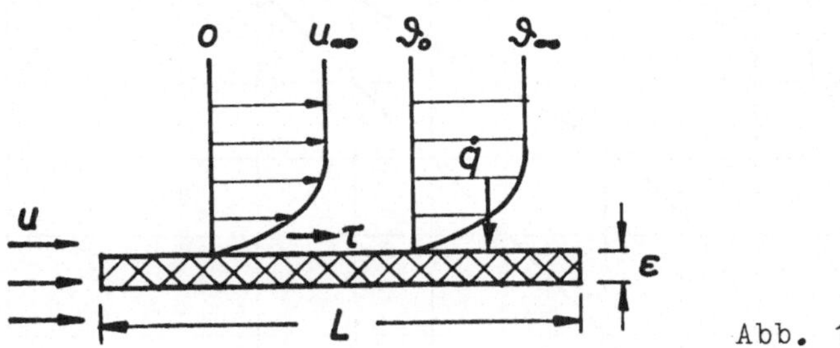


Abb. 1

Für sehr dünne Platten ist die Strömungsgrenzschicht laminar bis etwa $Re = 5 \cdot 10^5$. Hierbei ist die Reynoldszahl mit der Plattenlänge gebildet:

$$Re_L = \frac{uL}{\nu} \qquad (1)$$

Zur Berechnung des Geschwindigkeits- und Temperaturfeldes bei laminarer Strömung benötigt man wiederum die Differentialgleichungen 2, 3 und 4 des Kap. 5. Aus den Lösungen dieser Gleichungen erhält man für den Wärmeübergangskoeffizienten folgende Funktion:

$$\boxed{Nu_L = \frac{0{,}664}{\sqrt[6]{Pr}} \sqrt{Pe_L}} \qquad (2)$$

$$0{,}5 < Pr < 1000,$$

$$10 < Re_L$$

Hierin ist $Nu_L = \frac{\alpha L}{\lambda}$ und $Pe_L = \frac{uL}{a}$ jeweils mit der Plattenlänge L gebildet.

Die Gl. 2, Kap. 9 ist mit der Gl.6b, Kap. 5 identisch, was man erkennt, wenn man die Gl. 2, Kap. 8 mit dem Längenverhältnis $\frac{s}{L}$ erweitert.

Im Bereich der turbulenten Grenzschichtströmung gilt nach Versuchswerten:

$$\boxed{Nu_L = \frac{0,0766}{\sqrt[3]{Pr}} Pe_L^{3/4}} \qquad (3)$$

$$5 \cdot 10^5 < Re_L$$

$$0,5 < Pr < 500$$

Für Platten mäßiger Dicke $\epsilon$ und stumpfer Vorderkante endet infolge Wirbelablösung der laminare Strömungsbereich schon bei etwa $Re_L \cong 5 \cdot 10^3$. In dem Übergangsgebiet zwischen rein laminarer und voll turbulenter Strömung, also für

$$5 \cdot 10^3 < Re_L < 5 \cdot 10^5$$

gilt nach Versuchen

$$\boxed{Nu_L = \frac{0,180}{\sqrt[3]{Pr}} Pe_L^{2/3}} \qquad (4)$$

Trägt man die Gleichungen 2, 3 und 4 in einem Diagramm $Nu_L = f\ (Pe_L)$ mit Pr als Parameter auf, so erhält man eine Folge von Hülltangenten an den tatsächlichen Kurvenverlauf, bei dem sich der Exponent der $Pe_L$-Zahl stetig mit der Pe-Zahl ändert, vgl. Abb. 2.

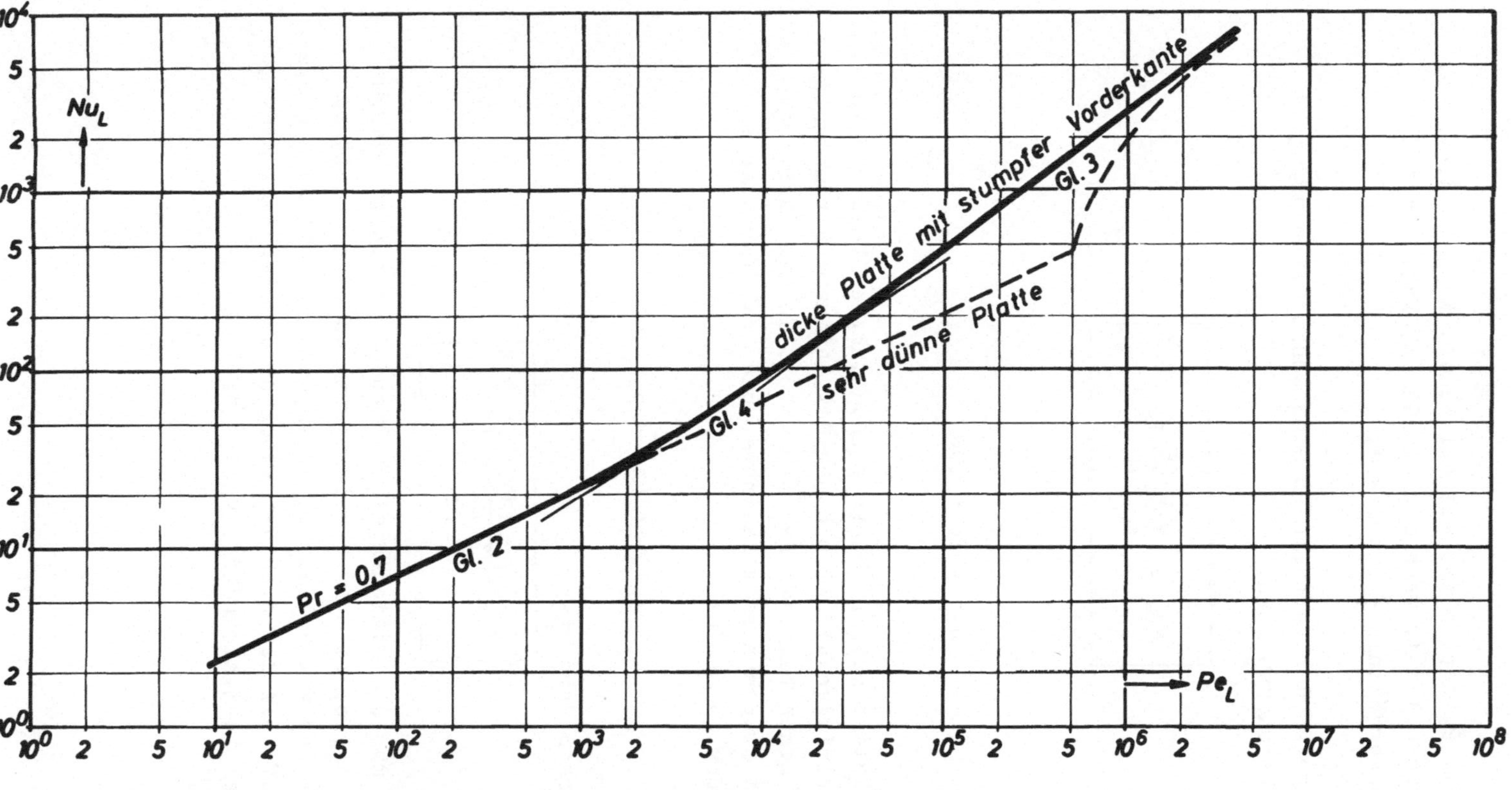


Wärmeübergang an der überströmten Platte

Abb. 2

An den Anschlußstellen der einzelnen Gleichungen wird man also stets etwas höhere $Nu_L$-Zahlen erwarten dürfen, als die Gleichungen selbst angeben.

## 9.2 Überströmte Einzelkörper verschiedener Form bei erzwungener Strömung

Ersetzt man im Versuch die Platte z.B. durch eine Kugel vom Radius R, so stellt man fest, daß der Wärmeübergangskoeffizient ebenfalls aus den Gleichungen 2, 3 und 4 berechnet werden kann, wenn man die $Nu_L$- und die $Pe_L$-Zahl jeweils mit einer sog. Überströmlänge, die gleich dem halben Kugelumfang ist, bildet.

$$L = \pi R \tag{5}$$

Handelt es sich um Körper anderer Form, z.B. Rohre, Prismen oder dgl , so ist für L jeweils die halbe Körperabwicklung in Strömungsrichtung einzusetzen, vgl. Abb.3.

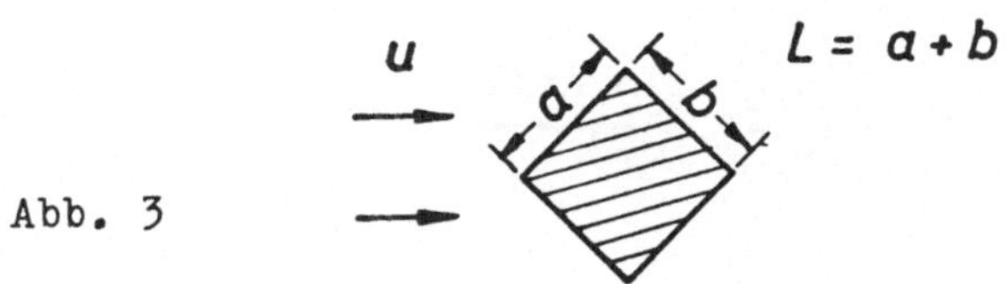

Abb. 3

Bei sehr kleinen $Re_L$-Zahlen verliert die Gl. 2 ihre Gültigkeit, da dann die Dicke der Grenzschicht nicht mehr klein gegen die Körperabmessung L ist. Im Bereich Stokes'scher Umströmung (Re<1) gilt für den Zylinder

$$Nu_L = 0{,}75 \sqrt[3]{Pe_L}$$

und für die Kugel

$$Nu_L = 1{,}31 \sqrt[3]{Pe_L}$$

Geht schließlich die $Re_L$-Zahl gegen null, dann findet nur noch eine Wärmeübertragung durch Wärmeleitung an eine ruhende,unendlich ausgedehnte Umgebung statt.

Für die Kugel errechnet man nach Gl. 12 a, Kap. 2

$$\alpha = \frac{\lambda}{R}$$

und damit

$$Nu_L = \frac{\alpha \, \pi \, R}{\lambda} = \pi \qquad (5)$$

Kleinere $Nu_L$-Zahlen als $\pi$ sind bei einer Kugel nicht möglich:

$$Nu_L = \pi = \min Nu_{L,Kugel}$$

Allgemein gilt: Für jeden dreidimensional endlichen Körper gibt es eine minimale $Nu_L$-Zahl, die auf keine Weise unterschritten werden kann. Die Kugel hat die größte minimale $Nu_L$-Zahl. Für eine dünne Tablette vom Radius R folgt mit einer mittleren Anströmlänge $L = \pi \cdot \frac{R}{2}$

$$\min Nu_L = \frac{\min \alpha \cdot \pi \cdot \frac{R}{2}}{\lambda} = 2 \qquad (6)$$

## 9.3 Die überströmte Platte bei freier Strömung

Eine freie Strömung entsteht durch Dichteunterschiede. Wird z.B. eine senkrecht stehende Platte von der Höhe L beheizt, dann sind die wandnahen Flüssigkeits- oder Gasschichten spezifisch leichter als die weiter entfernt liegenden, und es entsteht eine Auftriebsströmung u, vgl. Abb. 4.

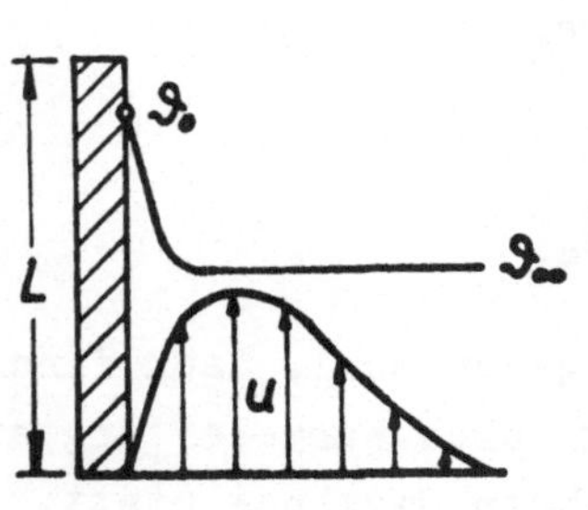


Abb. 4

Die kinetische Energie der freien Strömung $E_{kin} = \frac{\rho}{2} \bar{u}^2$ wird durch die potentielle Energie der Auftriebskräfte $E_{pot} = g\ (\rho_\infty - \rho_o)\ L$ erzeugt.

Wegen der unvermeidlichen Reibungsverluste gilt stets

$$E_{kin} < E_{pot} .$$

Wir setzen zunächst

$$E_{kin} = C \cdot E_{pot} \tag{7}$$

worin $C < 1$ ist. Aus Gl. 7 folgt

$$\frac{\rho}{2} \bar{u}^2 = C \cdot g\ \Delta \rho\ L \tag{7 a}$$

Erweitert man beide Seiten mit $\frac{L^2}{\nu^2}$, worin $\nu$ die kinematische Zähigkeit ist, so entsteht

$$\frac{\bar{u}^2 L^2}{\nu^2} = 2\ C\ \frac{g \Delta \rho L^3}{\rho \nu^2} \tag{7 b}$$

Die linke Seite der Gl. 7 b ist das Quadrat der Reynoldszahl $Re_L$ der freien Strömung. Die rechte Seite stellt die sog. Graßhofzahl

$$Gr = \frac{g \Delta \rho L^3}{\rho \nu^2} \tag{8}$$

dar. Aus Versuchen hat man gefunden, daß für mäßige Prandtl-Zahlen Pr zwischen 0,5 und 50 der Proportionalitätsfaktor C den Wert 1/5 hat.

Damit folgt aus Gl. 7 b

$$\boxed{Re_L^2 = \frac{1}{2,5}\ Gr} \qquad (9)$$

Ist die Graßhofzahl Gr der freien Strömung bekannt, so läßt sich auch ihre Reynolds-Zahl $Re_L$ angeben. Damit kann dann auch im Falle freier Strömung zur Berechnung der Nußeltzahl $Nu_L$ die Abb. 2 benutzt werden.

9.4 Einzelkörper verschiedener Form bei freier Strömung

Für Einzelkörper verschiedener Form hat man genau wie bei erzwungener Strömung für L die sog. Anströmlänge einzusetzen, vgl. Abb. 5.

9.5 Überlagerung von erzwungener und freier Strömung

An Hand von Versuchen hat man gefunden, daß es bei der Überlagerung von erzwungener und freier Strömung ebenfalls möglich ist, zur Ermittlung der Nußeltzahl $Nu_L$ die Abb. 2 zu benutzen, wenn man die Reynoldszahl der erzwungenen Strömung

$$Re_{L,erzwungen} = \frac{u_{erzwungen}\ L}{\nu}$$

und die Reynoldszahl der freien Strömung

$$Re_{L,frei} = \left(\frac{g\ \Delta\ \rho\ L^3}{2,5 \cdot \rho\ \nu^2}\right)^{1/2} = \left(\frac{1}{2,5}\ Gr\right)^{1/2}$$

wie folgt zu einer resultierenden Reynoldszahl $Re_L$ zusammensetzt:

$$\boxed{Re_L = \sqrt{Re^2_{L,erzwungen} + \frac{1}{2,5}\ Gr}} \qquad (10)$$

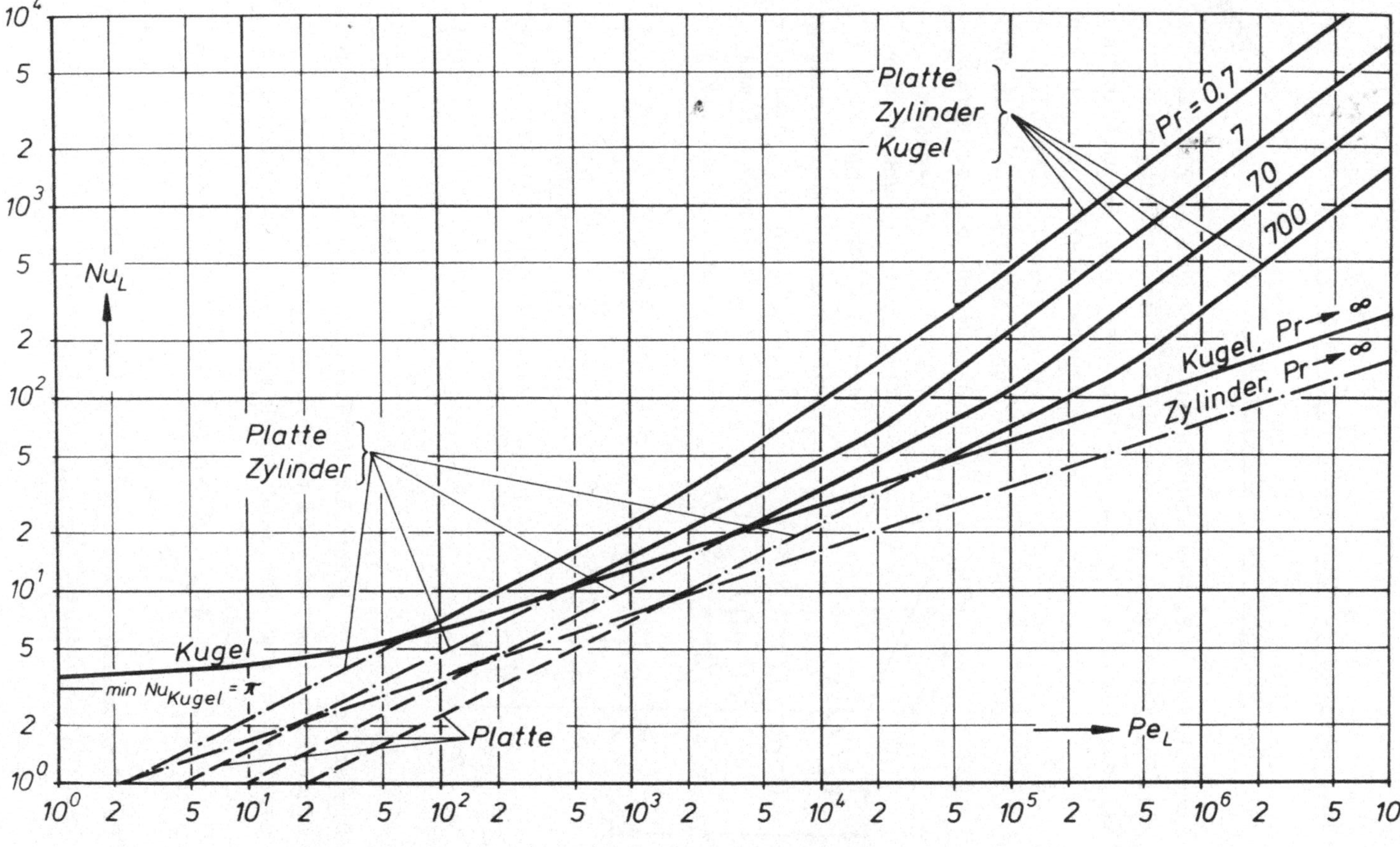


Wärmeübergang an überströmte Einzelkörper

Abb. 5

# 10. Wärmeübertragung bei der Kondensation

## 10.1 Kondensation von ruhendem Dampf

Kondensiert z.B. Wasserdampf an einer kalten Fläche, dann bildet sich auf dieser Fläche ein Kondensatfilm von der Dicke $\epsilon$, in dem das Kondensat mit der mittleren Geschwindigkeit $\bar{u}$ nach unten abläuft. Der Kondensatfilm hat an seiner Oberfläche die zum Druck P gehörige Sattdampftemperatur $\vartheta_s$ und an der Wand die Wandtemperatur $\vartheta_o$. Die abzuführende Wärmemenge $\dot{q}$ ist gleich der anfallenden Kondensatmenge $\dot{n}$ mal der Kondensationswärme $\Delta h_v$

$$\dot{q} = \dot{n} \Delta h_v \qquad (1)$$

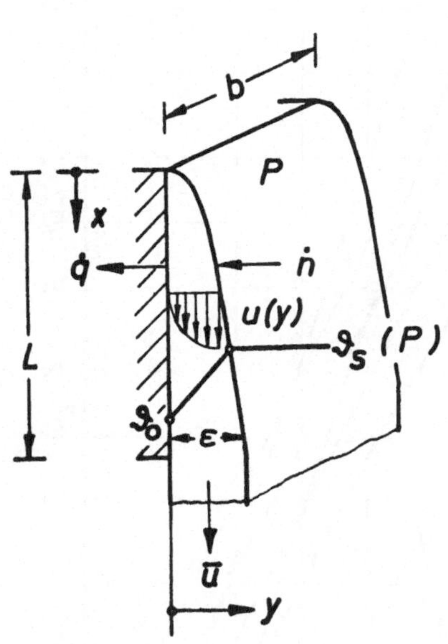


Die Definitionsgleichung für den Wärmeübergangskoeffizienten lautet:

$$\dot{q} = \alpha \; (\vartheta_s - \vartheta_o) \qquad (2)$$

Abb. 1

Die an der Oberfläche des Kondensatfilmes frei werdende Kondensationswärme wird durch den Film hindurchtransportiert und an der Wand durch Wärmeleitung übertragen:

$$\dot{q} = - \lambda_f \; \left[\frac{\partial \vartheta}{\partial y}\right]_{Wand} \qquad (3)$$

Die Bestimmung von $\alpha$ läuft also auf die Bestimmung des Temperaturgefälles $\left[\frac{\partial \vartheta}{\partial y}\right]_{Wand}$ hinaus.

Strömt der Film laminar, so ist der Temperaturverlauf im Film linear und es gilt:

$$-\left[\frac{\partial \vartheta}{\partial y}\right]_{Wand,x} = \frac{\vartheta_s - \vartheta_o}{\epsilon(x)} \tag{4}$$

Demnach ist in diesem Fall der lokale Wärmeübergangskoeffizient

$$\alpha_x = \frac{\lambda_f}{\epsilon(x)} \tag{5}$$

Um den Wärmeübergangskoeffizienten $\alpha_x$ berechnen zu können, muß man also zunächst die Filmdicke $\epsilon$ bestimmen.

Zur Berechnung der Filmdicke machen wir zunächst eine Massenbilanz. Alles Kondensat, was längs des Strömungsweges von 0 bis x angefallen ist, muß durch den Filmquerschnitt an der Stelle x abfließen:

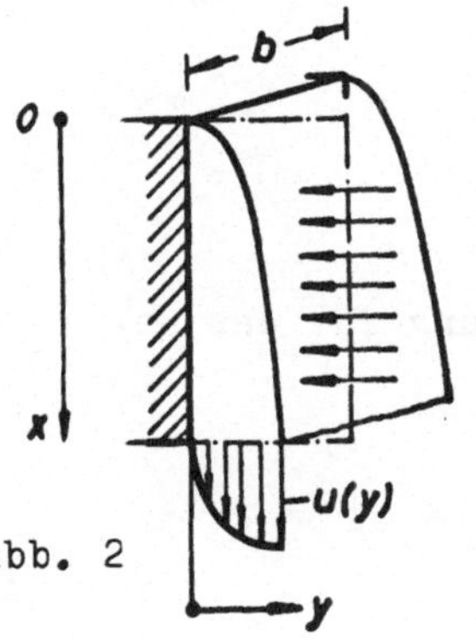

Abb. 2

$$\int_0^x \dot{n} b dx = \int_0^{\epsilon(x)} \rho_f b u dy \tag{6}$$

Hieraus folgt

$$\dot{n} = \rho_f \frac{d}{dx} \int_0^{\epsilon(x)} u dy \tag{6 a}$$

und mit Gl. 1, 3 und 4

$$\frac{d}{dx} \int_0^{\epsilon(x)} u dy = \frac{\lambda_f}{\rho_f} \frac{(\vartheta_s - \vartheta_o)}{\Delta h_v \; \epsilon(x)} \tag{7}$$

In Gl. 7 ist die Geschwindigkeit u als Funktion von y unbekannt. Zur Berechnung dieser Funktion machen wir eine Kräftebilanz:

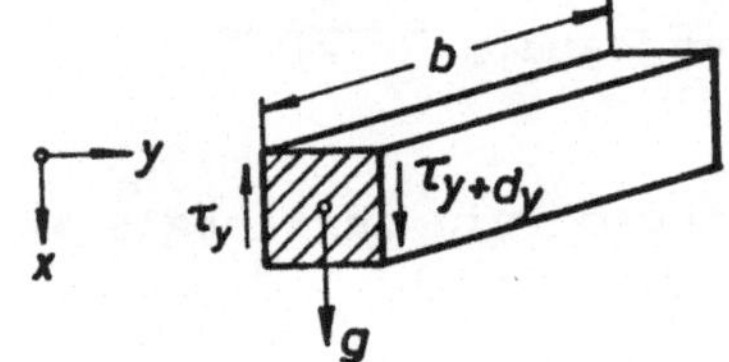


Abb. 3

$$g\rho_f bdxdy + bdx\tau_{y+dy} = bdx\tau_y \tag{8}$$

Mit $$\tau_{y+dy} = \tau_y + \frac{d\tau}{dy}\,dy \tag{9}$$

folgt aus Gl.8 $$g\rho_f = \frac{d\tau}{dy} \tag{10}$$

und mit $$\tau = \eta_f \frac{du}{dy} \rightarrow \frac{d\tau}{dy} = \eta_f \frac{d^2u}{dy^2} \tag{11}$$

folgt aus Gl.10 $$\boxed{\frac{d^2u}{dy^2} = -\frac{g}{\nu_f}} \tag{12}$$

Gl. 12 ist die Differentialgleichung für das Geschwindigkeitsfeld u (y).

Die Randbedingungen lauten:

Haftung an der Wand: $$u(0) = 0 \tag{13}$$

Keine Kräfte an der Filmoberfläche: $$u'(\epsilon) = 0 \tag{14}$$

Die Lösung der Gl. 12 lautet:

$$u = -\frac{1}{2}\frac{g}{\nu_f}y^2 + C_1 y + C_2 \tag{15}$$

Aus den Randbedingungen folgt

$$C_2 = 0 \quad \text{und} \quad C_1 = \frac{g\epsilon}{\nu_f} .$$

Damit erhalten wir

$$u = \frac{g}{\nu_f} \left(\epsilon y - \frac{1}{2} y^2\right) \tag{16}$$

Die Integration über y liefert

$$\int_0^{\epsilon(x)} u dy = \frac{1}{3} \frac{g}{\nu_f} \epsilon^3(x) \tag{17}$$

und die Differentation nach x:

$$\frac{d}{dx} \int_0^{\epsilon(x)} u dy = \frac{g}{\nu_f} \epsilon^2 \frac{d\epsilon}{dx} \tag{18}$$

Dies eingesetzt in Gl. 7

$$\epsilon^3 \frac{d\epsilon}{dx} = \frac{\lambda_f \, (\vartheta_s - \vartheta_o) \, \nu_f}{\rho_f \, \Delta h_v \, g} \tag{19}$$

Trennung der Variablen und Integration über x ergibt die Filmdicke $\epsilon$ als Funktion der Länge x:

$$\frac{\epsilon^4}{4} = \frac{\lambda_f \, (\vartheta_s - \vartheta_o) \, \nu_f \, x}{\rho_f \, \Delta h_v \, g} \tag{20}$$

Gl. 20 nach $\epsilon$ aufgelöst und in Gl. 5 eingesetzt, ergibt den lokalen Wärmeübergangskoeffizienten $\alpha_x$

$$\alpha_x = \sqrt[4]{\frac{g \ \rho_f \ \Delta h_v \ \lambda_f^3}{4 \ \nu_f \ (\vartheta_s - \vartheta_o) \ x}} \tag{21}$$

Für die praktische Anwendung benötigt man den integralen Mittelwert

$$\alpha = \frac{1}{L} \cdot \int_0^L \alpha_x dx \tag{22}$$

Aus Gl. 21 folgt

$$\boxed{\alpha = \frac{2\sqrt{2}}{3} \sqrt[4]{\frac{g \ \rho_f \ \lambda_f^3 \ \Delta h_v}{\nu_f \ (\vartheta_s - \vartheta_o) \ L}}} \tag{23}$$

Gl. 23 läßt sich auch in dimensionsloser Form schreiben. Der Ausdruck $\sqrt[3]{\frac{\nu_f^2}{g}}$ hat die Dimension einer Länge. Wir bilden hiermit eine dimensionslose Wärmeübergangszahl

$$Nu = \frac{\alpha}{\lambda_f} \sqrt[3]{\frac{\nu_f^2}{g}} \tag{24}$$

und eine dimensionslose Länge

$$K_L = \sqrt[3]{\frac{g}{\nu_f^2}} \cdot L \tag{25}$$

Sodann verbleibt noch eine dimensionslose Temperaturdifferenz:

$$\frac{\lambda_f(\vartheta_s-\vartheta_o)}{\eta_f\ \Delta h_v} = \frac{c_f(\vartheta_s-\vartheta_o)}{\Delta h_v} \cdot \frac{a_f}{\nu_f} = K_\vartheta \qquad (26)$$

Mit diesen Kennzahlen lautet dann Gl. 23

$$\boxed{Nu = \frac{2\sqrt{2}}{3} \cdot \frac{1}{\sqrt[4]{K_L \cdot K_\vartheta}}} \qquad (27)$$

Diese Gleichung gilt für laminare Filmströmung.

Der Umschlag von der laminaren in die turbulente Filmströmung erfolgt bei einer mit der Filmdicke $\epsilon$ gebildeten Reynoldszahl von 350

$$Re_{f,kritisch} = \left(\frac{\bar{u}\epsilon}{\nu_f}\right)_{kritisch} = 350 \qquad (28)$$

Nun ist

$$\rho_f\ b\ \epsilon\ \bar{u} = \dot{n}\ b\ L \qquad \text{und}$$

$$\dot{n} = \alpha\ \frac{\Delta\vartheta}{\Delta h_v}, \qquad \text{so daß}$$

$$Re_f = \frac{\alpha\Delta\vartheta L}{\eta_f \Delta h_v} = \frac{\alpha L}{\lambda_f} \cdot \frac{\lambda_f \Delta\vartheta}{\eta_v \Delta h_v} \qquad \text{ist.}$$

Erweitern wir noch mit $\sqrt[3]{\frac{\nu^2}{g}}$, so gilt

$$Re_f = \frac{\alpha}{\lambda_f} \sqrt[3]{\frac{\nu_f^2}{g}} \cdot \sqrt[3]{\frac{g}{\nu_f^2}}\ L \cdot \frac{\lambda_f \Delta\vartheta}{\eta_f \Delta h_v}$$

$$\boxed{Re_f = Nu \cdot K_L \cdot K_\vartheta} \tag{29}$$

Der Gültigkeitsbereich der Gl. 8 a folgt daraus zu:

$$Re_{f,kritisch} = 350 = \frac{2\sqrt{2}}{3} (K_L \cdot K_\vartheta)^{3/4}$$

oder

$$\max (K_L \cdot K_\vartheta)_{lam} = 2680 \tag{30}$$

Für turbulente Filmströmung, also $K_L \cdot K_\vartheta > 2680$, hat man aus Versuchen folgende Beziehung für den Wärmeübergang gefunden

$$\boxed{Nu = 0{,}0030 \sqrt[2]{K_L \cdot K_\vartheta}} \tag{31}$$

Im oberen Teil der Kondensatorwand strömt der Kondensatfilm stets laminar. Der Turbulenzumschlag erfolgt erst nach Durchlaufen einer kritischen Länge $L_{krit}$. Die Gl. 31 stellt jedoch den integralen Mittelwert für Nu von x = 0 bis x = L dar!

In der Abb. 4 ist der Verlauf von Nu über $K_L K_\vartheta$ nach den Gleichungen 27 und 31 aufgetragen.

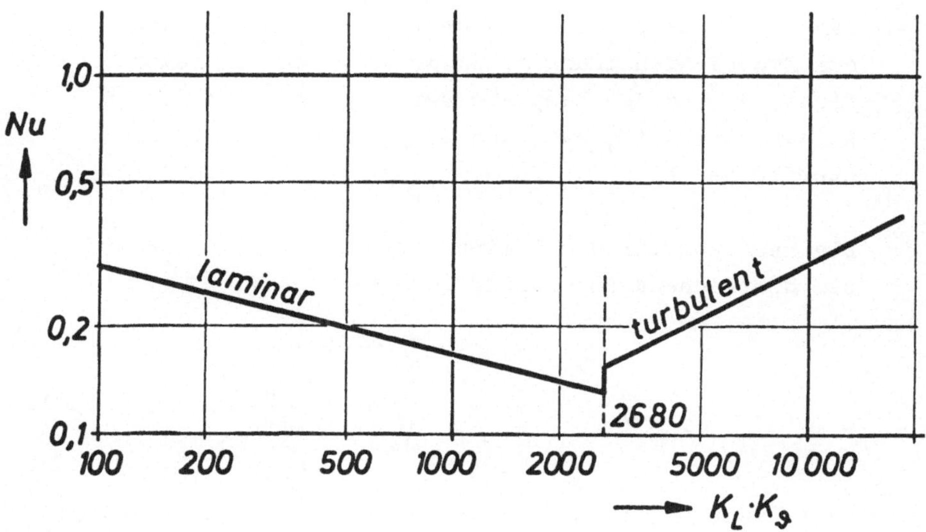


Abb. 4

Bemerkenswert ist, daβ im laminaren Bereich Nu mit wachsendem $K_L \cdot K_\vartheta$ fällt, im turbulenten Bereich jedoch ansteigt. Der Abfall im laminaren Bereich wird durch die mit steigendem $K_L \cdot K_\vartheta$ ebenfalls zunehmende Filmdicke $\epsilon$ verursacht. Im turbulenten Bereich nimmt zwar ebenfalls die Filmdicke mit steigendem $K_L \cdot K_\vartheta$ zu, jedoch vergröβert sich gleichzeitig die Intensität der turbulenten Mischbewegungen, deren Einfluβ gröβer ist als der der wachsenden Filmdicke.

## 10.2 Kondensation von strömendem Dampf

Hat der parallel zur Kondensationsfläche strömende Dampf eine merkliche Geschwindigkeit ($W_{Dampf} \gtrsim 10$ m/s), so übt er eine Schleppwirkung auf den Film aus. Bei hinreichend hohen Dampfgeschwindigkeiten ($W_{Dampf} \gtrsim 30$ m/s) dominiert die Kraftwirkung der Dampfströmung gegenüber der Schwerkraft. Die Wärmeübergangszahl hängt dann nicht mehr von der Flüssigkeitsdichte $\rho_f$ und der Erdbeschleunigung g, dafür aber von der Dampfdichte $\rho_d$ und der Dampfgeschwindigkeit $w_d$ sowie vom Reibungsbeiwert $\xi$ zwischen Dampfströmung und Filmoberfläche ab.

Die Rechnung für den laminar strömenden Film liefert bei hinreichend hohen Dampfgeschwindigkeiten

$$\frac{\alpha}{\lambda_f} = \frac{3}{4\sqrt[3]{3}} \sqrt[3]{\frac{1}{K_\vartheta} \cdot \frac{\xi \rho_d w_d^2}{\nu_f^2 \rho_f L}} \qquad (32)$$

oder, wenn man diese Gleichung mit $\sqrt[3]{\frac{\nu_f^2}{g}}$ multipliziert (was physikalisch wenig sinnvoll ist, da g keine Rolle spielt, was aber die Gl. 32 mit der Gl. 27 vergleichbar macht):

$$Nu = \frac{3}{4\sqrt[3]{3}} \sqrt[3]{\frac{1}{K_\vartheta} \cdot \frac{\xi \rho_d w_d^2}{g \rho_f L}} \qquad (32\text{ a})$$

Erweitert man die rechte Seite der Gl, 32 a noch mit $\sqrt[3]{\frac{\nu_f^2}{g}}$ und führt die Kennzahl

$$\frac{\xi \rho_d w_d^2}{g \rho_f \sqrt[3]{\frac{\nu_f^2}{g}}} = K_w \qquad (33)$$

ein, so wird aus Gl. 32 a

$$\boxed{Nu = \frac{3}{4\sqrt[3]{3}} \sqrt[3]{\frac{K_w}{K_\vartheta \cdot K_L}}} \qquad (32\text{ b})$$

Gleichung 32 b gilt wiederum bis zu einer Reynoldszahl $Re_f$ von etwa 350. Gl. 32 b in Gl. 29 eingesetzt ergibt

$$Re_f = \frac{3}{4\sqrt[3]{3}} \sqrt[3]{\frac{K_w}{K_\vartheta \cdot K_L}} \cdot K_\vartheta \cdot K_L = 350$$

woraus folgt

$$\max\,(K_\vartheta \cdot K_L)_{lam} = \frac{17700}{\sqrt[2]{K_w}} \qquad (33)$$

Für den Reibungsbeiwert $\xi$ kann man etwa den Wert 0,02 einsetzen.

## 11. Wärmeübertragung bei der Verdampfung

### 11.1 Verdampfung von ruhenden Flüssigkeiten

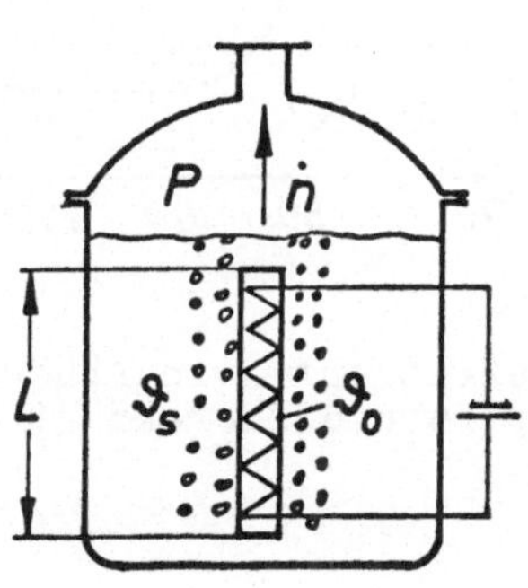

Abb. 1

Wird eine Flüssigkeit erhitzt, so setzt bei Überschreiten der Siedetemperatur $\vartheta_s$ Verdampfung ein. Bei kleinen Übertemperaturen der Wand $\vartheta_o - \vartheta_s$ findet Verdampfung nur am oberen Flüssigkeitsspiegel statt. Die Wärme wird durch freie Auftriebsströmung von der Heizfläche an die Flüssigkeitsoberfläche transportiert.

Bei größeren Übertemperaturen setzt Dampfblasenbildung an der Heizfläche ein. Die aufsteigenden Dampfblasen erhöhen die Flüssigkeitszirkulation und damit den Wärmeübergang beträchtlich. Bei sehr großen Übertemperaturen schließen sich die Blasen an der Heizfläche zu einem Dampffilm zusammen.

Wegen der schlechten Wärmeleitfähigkeit des Dampfes wird dann der Wärmeübergang wieder sehr schlecht, vgl. Abb. 2

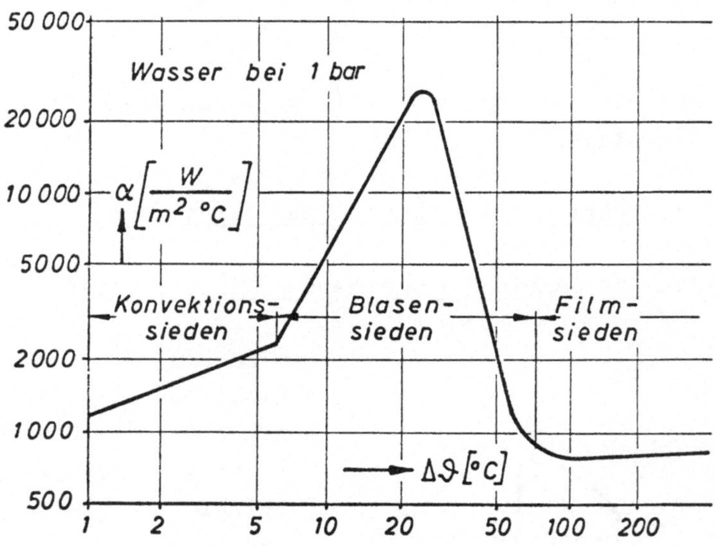


Abb. 2: Wärmeübergangskoeffizient α in Abhängigkeit von der Temperaturdifferenz $\Delta\vartheta = \vartheta_o - \vartheta_s$.

a) Konvektionssieden

Im Bereich des Konvektionssiedens gelten die bekannten Wärmeübergangsgleichungen

$$\frac{\alpha L}{\lambda_f} = f \left(\frac{uL}{\nu_f}, \frac{\nu_f}{\alpha_f}\right), \qquad (1)$$

wobei $\frac{uL}{\nu_f} = Re \cong \sqrt{\frac{1}{2,5} Gr}$ ist (2)

Hierin ist $Gr = \frac{L^3 g \, \Delta \rho}{\rho \, \nu_f^2} = \frac{L^3 g \, \beta \, \Delta \vartheta}{\nu_f^2}$ (3)

mit dem thermischen Ausdehnungskoeffizienten

$$\beta = - \frac{1}{\rho} \frac{\partial \rho}{\partial \vartheta} \; . \qquad (4)$$

Für siedendes Wasser von P = 1 bar ist

$$\beta = 0,752 \cdot 10^{-3} \, [1/^{o}C]$$

und

$$\nu_f = 0,295 \cdot 10^{-6} \, [m^2/s] \; .$$

Bei einer Plattenlänge von z.B. L = 10 cm und einer Temperaturdifferenz von $\Delta\vartheta = 5^{o}C$ ergibt sich dann eine Grashofzahl von

$$Gr = \frac{0,10^3 \cdot 9,81 \cdot 0,752 \cdot 10^{-3} \cdot 5}{0,295^2 \cdot 10^{-12}} = 4,24 \cdot 10^8 .$$

Daraus folgt $Re = \sqrt{\frac{4,24}{2,5}} \cdot 10^4$. Dies liegt im Übergangsbereich, so daß Gl. 4, Kap. 9 anzuwenden ist:

$$\frac{\alpha L}{\lambda_f} = 0,180 \; \sqrt[3]{Pr_f} \cdot \sqrt[3]{Re_f^{\,2}} \qquad (5)$$

oder $$\frac{\alpha L}{\lambda_f} = 0{,}180 \sqrt[3]{Pr_f} \sqrt[3]{\frac{L^3 g \, \beta \, \Delta\vartheta}{2{,}5 \cdot \nu_f^2}} \qquad (5\,a)$$

Da sich die Länge L herauskürzt, bildet man zweckmäßig

$$\frac{\alpha}{\lambda_f} \sqrt[3]{\frac{\nu_f^2}{g}} = Nu \qquad (6)$$

und man erhält für den Bereich des Konvektionssiedens:

$$\boxed{Nu = 0{,}135 \sqrt[3]{Pr_f} \sqrt[3]{\beta \, \Delta\vartheta}} \qquad (7)$$

Tatsächlich gemessene Wärmeübergangszahlen liegen etwas höher, da einige wenige Dampf- und Gasblasen, die den Auftreib verstärken, auch in diesem Bereich immer vorhanden sind.

b) <u>Blasensieden</u>

Auch beim Blasensieden ist die Plattenoberfläche noch vollständig benetzt und es existiert eine dünne Flüssigkeitsunterschicht, in der die Flüssigkeit durch die Auftriebswirkung der Blasen mit der Mittelgeschwindigkeit $\bar{u}_f$ nach oben strömt.

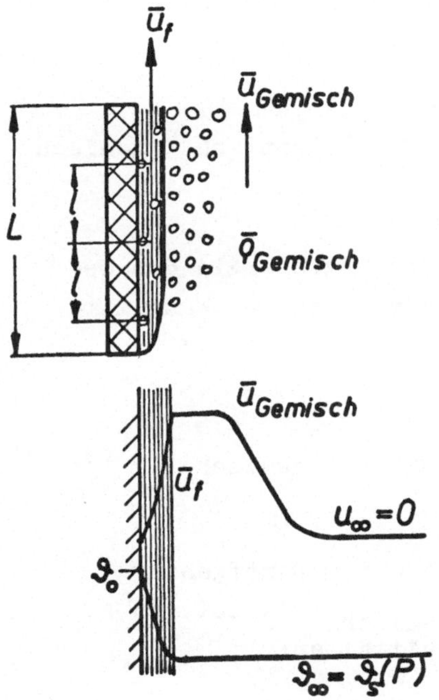


Durch die Blasenbildung wird diese Unterschicht in den Abständen l unterbrochen. Der Wärmeübergang beim Blasensieden ist mit dieser Vorstellung zurückgeführt auf den Wärmeübergang an eine Flüssigkeitsgrenzschichtströmung von der Lauflänge l.

Abb. 3

Demnach gilt, wenn wir davon ausgehen, daß l eine ziemlich kurze Strecke ist und somit Laminarströmung vorliegt:

$$Nu_l = 0{,}664\sqrt{Re_l}\;\sqrt[3]{Pr_f} \qquad (8)$$

oder

$$\frac{\alpha}{\lambda_f} = 0{,}664\;\sqrt[3]{Pr_f}\sqrt{\frac{\bar{u}_f}{\nu_f l}} \qquad (8\text{ a})$$

Das Problem besteht nunmehr in der Bestimmung von $\bar{u}_f$ und l.

Bei verlustfreier Umsetzung von Auftriebsenergie in Strömungsenergie würde gelten:

$$g\ (\rho_f - \rho_{gemisch})\ l = \frac{1}{2}\ \rho_{gemisch}\ \bar{u}^2_{gemisch}$$

Im günstigsten Fall kann die Strömungsenergie des Gemisches vollständig der Filmströmung an der Wand mitgeteilt werden.

$$\frac{1}{2}\ \rho_f\ \bar{u}_f^2 \leqq \frac{1}{2}\ \rho_{gemisch}\ \bar{u}^2_{gemisch} \qquad (9)$$

Wenn man bedenkt, daß schon bei einem Dampfgehalt von wenigen Gewichtsprozent $\rho_{gemisch} \cong \rho_d$ ist, so setzen wir folgende Proportionalität an:

$$\bar{u}_f = \text{const.}\ \sqrt[2]{\frac{g\ (\rho_f - \rho_d)\ l}{\rho_f}} \qquad (9\ a)$$

Dies in Gl. 8 a eingesetzt liefert:

$$\frac{\alpha}{\lambda_f} = \text{const.}\ \sqrt[3]{Pr_f} \cdot \sqrt[4]{\frac{g(\rho_f - \rho_d)}{\nu_f^2\ \rho_f}} \cdot \sqrt[4]{\frac{1}{l}} \qquad (10)$$

Die Anströmlänge l hängt nun zusammen mit der Anzahl der Blasenkeimstellen $\Delta n$ je $m^2$ Plattenoberfläche.

Dampfblasen werden nur an solchen Keimstellen erzeugt, an denen die durch Adsorption und Oberflächenspannung verursachte Dampfdruckerniedrigung durch eine entsprechende Wandüberhitzung $(\vartheta_o - \vartheta_s)$ kompensiert wird.

Wir wollen für den weiteren Gang der Rechnung annehmen, daß die Dampfdruckerniedrigung nur durch die Oberflächenspannung $\sigma$ [J/m$^2$] verursacht wird und der ebenfalls von der Oberflächenspannung erzeugte Krümmungsdruck mit den Sorptionskräften zwischen Flüssigkeit und Heizfläche im Gleichgewicht steht.

Dann ergibt sich für eine vollständig benetzte Flüssigkeit und kugelförmige Keime der Dampfdruck $P_{Keime}$:

$$\frac{P_{Keim}}{P_s} = e^{-\frac{2\sigma}{r\,\rho_f\,R\,T_s}}, \qquad (11)$$

worin $P_s$ der Dampfdruck über einer freien, ebenen Wasseroberfläche ist.

Andererseits gilt näherungsweise für den Zusammenhang zwischen Dampfdruck und Temperatur die Clausius-Clapeyron'sche Gleichung:

$$\ln \frac{P_o}{P_s} = \frac{\Delta h_{vn}}{R} \left(\frac{1}{T_s} - \frac{1}{T_o}\right) \qquad (12)$$

$$= \frac{\Delta h_{vn}}{R T_s T_o} (\vartheta_o - \vartheta_s) \qquad (12\ a)$$

$$\cong \frac{\Delta h_{vn}}{R T_s^2} \Delta\vartheta \qquad (12\ b)$$

Nun ist $P_{Keim} = P_s - \Delta P$ und

$$\ln \frac{P_s - \Delta P}{P_s} \cong - \frac{\Delta P}{P_s} = - \frac{2\,\sigma}{r\,\rho_f\,R\,T_s}$$

sowie

$$\ln \frac{P_s + \Delta P}{P_s} \cong + \frac{\Delta P}{P_s} \cong \frac{\Delta h_v}{R{T_s}^2}\,\Delta\vartheta\,,$$

woraus folgt, daß bei einer gegebenen Wandüberhitzung $\Delta\vartheta$ die aktivierten Keimstellen einen Radius von

$$r_{aktiv} \geqq r_{krit} = \frac{2\sigma T_s}{\rho_f \Delta h_{vn} \Delta\vartheta} \qquad (13)$$

haben.

Wir wollen nun annehmen, daß die Verteilung der Keimradien r durch Poren in der Heizfläche gegeben ist und daß die Porenradien dem Gesetz einer Gauß'schen Verteilung folgen. Das Porenverteilungsgesetz hat dann die Form

$$\frac{dn}{d(\frac{r}{r_o})^m} = n_o \left(\frac{r}{r_o}\right)^m e^{-\left(\frac{r}{r_o}\right)^{2\,m}} \qquad (14)$$

Hierin ist $r_o$ der mittlere Porenradius. m ist ein zunächst noch unbekannter Exponent, dessen Größe aus Versuchen ermittelt werden muß.

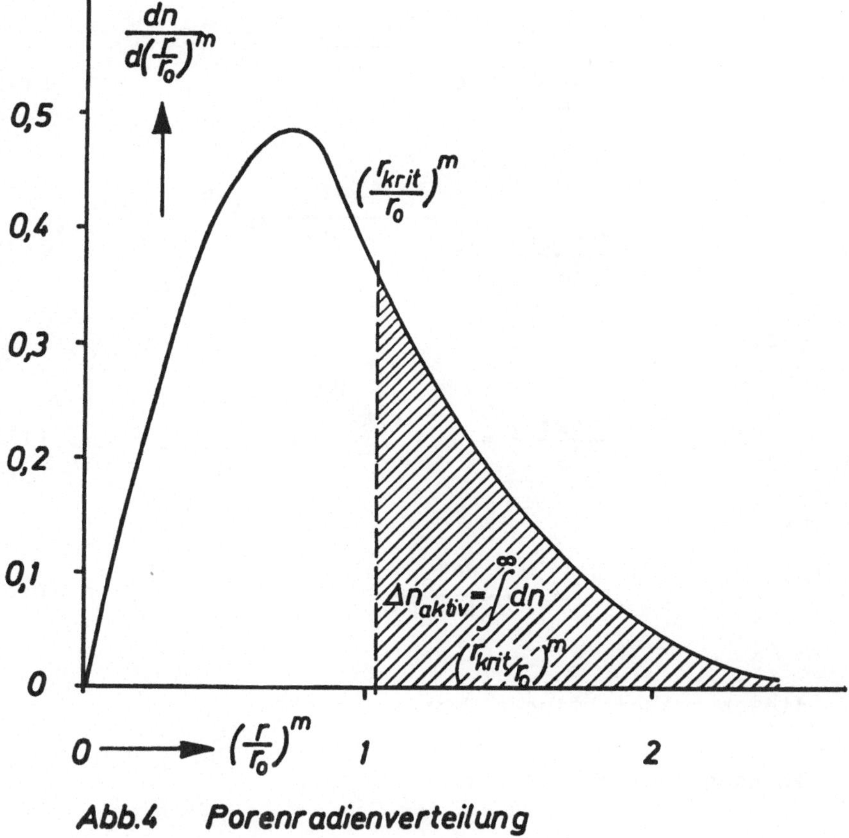


*Abb.4 Porenradienverteilung*

Die Anzahl der aktivierten Keimstellen ist nun einfach gleich der Anzahl aller Porenradien von $[\frac{r}{r_o}]^m = \infty$ bis $[\frac{r}{r_o}]^m = [\frac{r_{krit}}{r_o}]^m$. Mit der Gesamtzahl aller Keime $n_o = \int_0^\infty dn$ ergibt sich dann:

$$\frac{\Delta n_{aktiv}}{n_o} = 2 \int_{[\frac{r_{krit}}{r_o}]^m}^{\infty} [\frac{r}{r_o}]^m \cdot e^{-[\frac{r}{r_o}]^{2m}} \cdot d\,[\frac{r}{r_o}]^m \quad (15)$$

$$\frac{\Delta n_{aktiv}}{n_o} = e^{-\left(\frac{r_{krit}}{r_o}\right)^{2m}} \qquad (16)$$

$$\frac{\Delta n_{aktiv}}{n_o} = e^{-\left(\frac{2\sigma T_s}{r_o \Delta h v_n \rho_f \Delta\vartheta}\right)^{2m}} \qquad (17)$$

oder:

$$\frac{\Delta n_{aktiv}}{n_o} = e^{-\left(\frac{\theta}{\Delta\vartheta}\right)^{2m}} , \qquad (18)$$

worin

$$\theta = \frac{2\sigma T_s}{r_o \Delta h v_n \rho_f} \qquad (19)$$

die charakteristische Temperatur ist.

Im nächsten Schritt setzen wir nun

$$l = \frac{1}{\sqrt{\Delta n_{aktiv}}} \qquad (20)$$

und erhalten dann mit Gl. 10:

$$\alpha = \text{const.}\ \lambda_f \sqrt[3]{Pr_f} \sqrt[4]{\frac{g(\rho_f - \rho_d)\sqrt{n_o}}{\nu_f^2 \rho_f}} \cdot e^{-\frac{1}{8}\left(\frac{\theta}{\Delta\vartheta}\right)^{2m}} \qquad (21)$$

Nun ist $n_o = \frac{1}{l_o^2}$, worin $l_o$ der minimale Keimabstand ist und von der Oberflächenbeschaffenheit, vor allem auch der Rauhigkeit abhängt. Die Konstante ist von der Größenordnung 1. Mit $m = \frac{1}{2}$ lassen sich Versuchsergebnisse durch die Gl. 21 recht gut wiedergeben.

Wir schreiben die Gl. 21 noch etwas um:

$$\alpha = \alpha_\infty \, e^{-\frac{\theta'}{\Delta\vartheta}} \tag{22}$$

Hierin ist

$$\alpha_\infty \cong \lambda_f \sqrt[3]{Pr_f} \sqrt[4]{\frac{g(\rho_f - \rho_d)}{\nu_f^2 \, l_o \, \rho_f}} \tag{23}$$

und

$$\theta' = \frac{1}{8} \theta \cong \frac{\sigma T_s}{4 \, r_o \Delta h v_n \rho_f} \tag{24}$$

Für organische Stoffe ist $\alpha_\infty = 10^5 \frac{W}{m^2 grd}$, für Wasser etwa 4 mal größer. $\alpha_\infty$ ist, abgesehen vom kritischen Gebiet, praktisch druckunabhängig. $l_o$ und $r_o$ sind von der Größenordnung einiger Ångström.

Die Gleichung 24 gibt die Druckabhängigkeit von $\theta'$ qualitativ richtig, jedoch quantitativ zu ungenau wieder. $\theta'$ ist daher in seinem genauen Verlauf aus Versuchen zu ermitteln.

In den nachfolgenden Abbildungen ist der Wärmeübergangskoeffizient $\alpha$ als Funktion der Temperaturdifferenz $\Delta\vartheta$ und die "charakteristische" Temperatur $\theta'$ als Funktion des reduzierten Druckes $P/P_{krit}$ dargestellt.

Neben dieser Darstellung findet man in der Literatur meist folgende rein empirische Formen:

$$\alpha = C_1 \dot{q}^n \tag{25}$$

oder

$$\alpha = C_2 (\vartheta_o - \vartheta_s)^m , \tag{26}$$

wobei zwischen den Vorzahlen und Exponenten wegen $\dot{q} = \alpha (\vartheta_o - \vartheta_s)$ die Beziehungen

$$C_2 = C_1^{\frac{1}{1-n}} \quad \text{und} \tag{27}$$

$$m = \frac{n}{1-n} \tag{28}$$

gelten. $C_1$, $C_2$, n, m sind vom Stoff und vom Druck abhängig. n liegt in der Größenordnung von 0,5 bis 0,8. Mit zunehmendem Druck wird n kleiner.

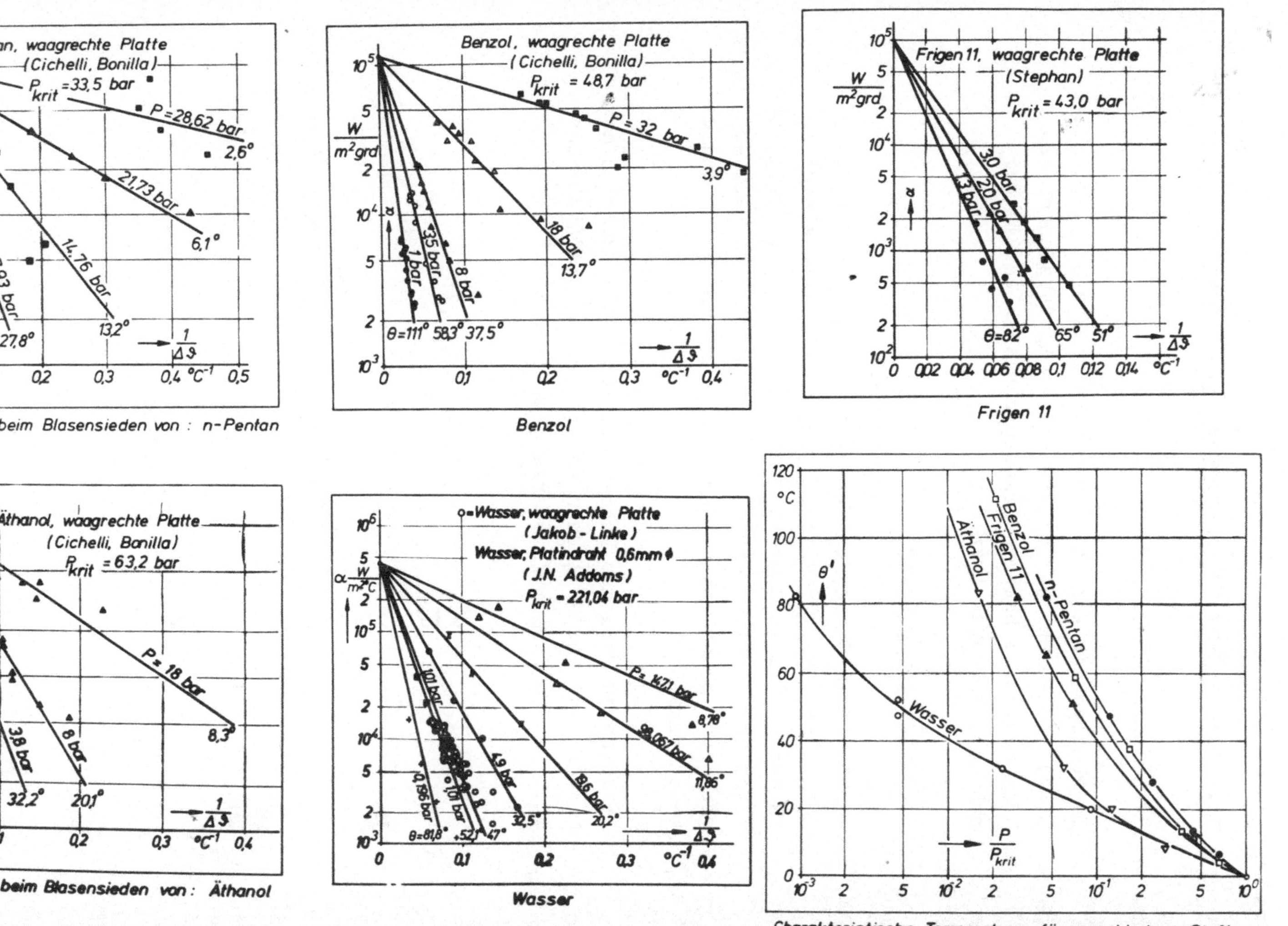


Wärmeübergang beim Blasensieden von : n-Pentan

Benzol

Frigen 11

Wärmeübergang beim Blasensieden von : Äthanol

Wasser

Charakteristische Temperaturen für verschiedene Stoffe

## 11.2 Verdampfung von strömenden Flüssigkeiten

### a) Überströmte Platten

Im Bereich des Konvektionssiedens gelten die Gleichungen 2, 3, 4 des Kap. 9. Im Bereich des Blasensiedens erhält man etwas höhere Wärmeübergangszahlen als bei ruhenden Flüssigkeiten.

### b) Durchströmte Rohre

Während beim Sieden an überströmten Platten der mittlere Dampfgehalt praktisch gleich null ist, steigt er im durchströmten Rohr von null bis auf eins. Damit ist wegen der im allgemeinen geringen Dichte des Dampfes eine ganz erhebliche Zunahme der Strömungsgeschwindigkeit vorhanden.

Im vorderen Teil des Rohres hat man in der Regel Blasensieden. Für die örtlichen Wärmeübergangskoeffizienten entlang des Verdampferrohres gilt nach [8]:

$$\frac{\alpha_x}{\alpha_{ruhend}} = 29\ Re^{-0,3}\ Fr^{0,2} \qquad (25)$$

worin

$$Re = \frac{\dot{n}\ (1-x)\ d}{\eta_f} \qquad (26)$$

und

$$Fr = \frac{\dot{n}^2\ (1-x)^2}{\rho_f^2\ g\ d} \qquad (27)$$

sind.

$\dot{n}$ ist die gesamte Mengenstromdichte in kg/m$^2$s, x der Dampfgehalt in $\frac{\text{kg/s Dampf}}{\text{kg/s Gemisch}}$, also das Verhältnis vom Dampfmassenstrom zum Gesamtmassenstrom.

Von einem bestimmten Dampfgehalt und damit einer bestimmten Strömungsgeschwindigkeit an herrscht wieder Konvektionssieden vor. Indessen läßt sich der Wärmeübergang beim Konvektionssieden in einer zweiphasigen Strömung nicht nach den Gesetzen des konvektiven Wärmeüberganges bei einphasiger Strömung berechnen, weil der Turbulenzgrad der Strömung durch den Impulsaustausch zwischen den beiden Phasen, die verschiedene Geschwindigkeiten besitzen, erhöht wird.

Man hat daher aus zahlreichen Versuchen neue empirische Gesetze zur Berechnung des Wärmeüberganges an Gas-Flüssigkeitsgemisch-Strömungen aufgestellt.

Danach ist:

$$Nu = Nu\left(Re,\ Fr,\ Pr,\ \frac{\rho_f}{\rho_d},\ \frac{\eta_f}{\eta_d},\ x\right) \qquad (28)$$

Diese Funktion ist in der Abb. 6 dargestellt.

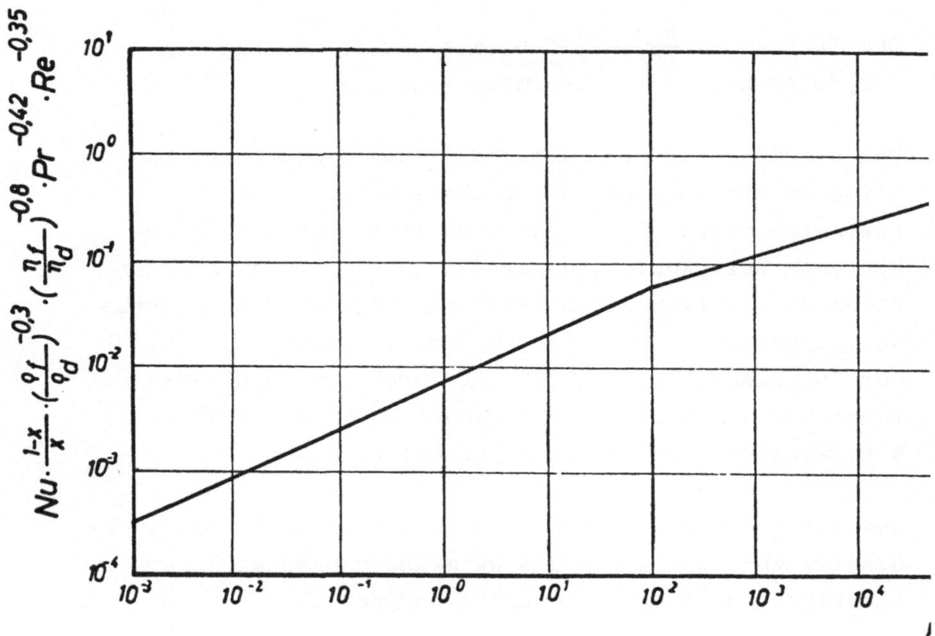


Abb. 6

Hierin ist $Pr = \nu_f/a_f$ und

$$Nu = \frac{\alpha d_h}{\lambda_f} \tag{29}$$

worin der hydraulische Durchmesser $d_h$ nach folgender Beziehung

$$d_h = d\left(1 - \frac{1}{\sqrt{1 + \frac{1-x}{x\epsilon\ \rho_f/\rho_d}}}\right) \tag{30}$$

zu berechnen ist.

In der Gleichung 30 zur Berechnung des hydraulischen Durchmessers $d_h$ aus dem Rohrdurchmesser d, dem Dampfgehalt x und dem Dichteverhältnis $\rho_{Dampf}/\rho_{flüssig}$ tritt eine Größe $\epsilon$ auf, die als Zweiphasen-Strömungsparameter bezeichnet wird und im wesentlichen den Impulsaustausch zwischen der flüssigen und dampfförmigen Phase beschreibt. Aus Versuchen hat man für diesen Parameter empirisch folgenden funktionalen Zusammenhang gefunden:

$$\epsilon = \epsilon \left(Re, Fr, \frac{\rho_f}{\rho_d}, \frac{\eta_f}{\eta_d}, x, \frac{k}{d}\right) \qquad (31)$$

Diese Beziehung ist in der Abb. 7 dargestellt [8]:

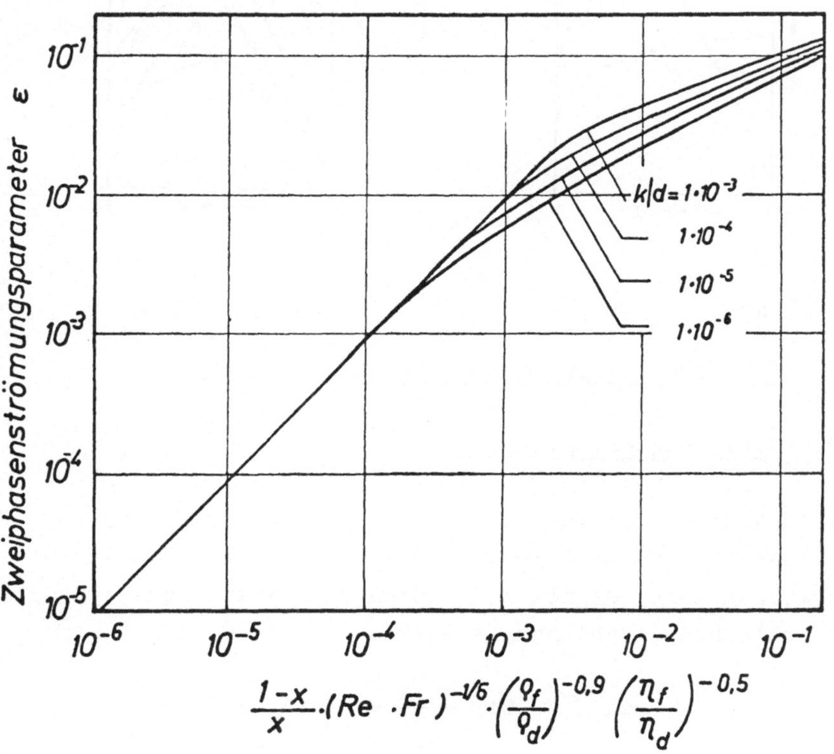


Abb. 7

Für eine aufgeprägte Heizflächenbelastung $\dot{q}$ und eine aufgeprägte Mengenstromdichte $\dot{n}$ ergeben sich nach den Gleichungen 25 und 28 die in Abb. 8, 9 dargestellten Kurven für den Verlauf des örtlichen Wärmeübergangskoeffizienten $\alpha$ über dem Dampfgehalt x. Zur Ermittlung des mittleren Wärmeübergangskoeffizienten $\alpha$ hat man längs derjenigen Kurven zu integrieren, die bei einem Dampfgehalt x jeweils den höheren örtlichen Wärmeübergangskoeffizienten $\alpha$ ergibt.

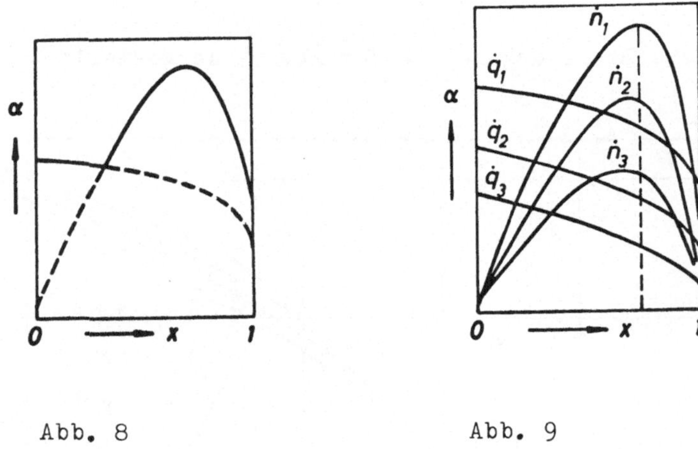


Abb. 8 Abb. 9

## 12. Wärmeübertragung durch Strahlung

### 12.1 Strahlungsenergie

Die maximale Strahlungsenergie, die eine Oberfläche von der Temperatur T in Richtung der Flächennormalen aussenden kann, ergibt sich durch Integration des Planck'schen Strahlungsgesetzes:

$$\max I_\lambda = C_1 \frac{\lambda^{-5}}{e^{\frac{C_2}{\lambda T}}-1} \quad \text{vgl. Abb. 1} \quad (1)$$

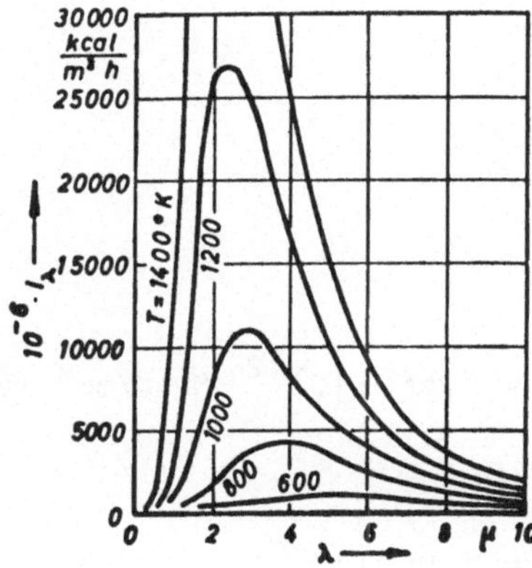


Abb. 1

worin λ die Wellenlänge der Strahlung ist, zu

$$\max E = \int_{\lambda=0}^{\lambda=\infty} \max I_\lambda \, d\lambda = C_1 \frac{T^4}{C_2^4} \int_{\xi=0}^{\xi=\infty} \frac{\xi^3}{e^\xi - 1} d\xi \qquad (2)$$

Das Integral liefert den Zahlenwert $6 \cdot \frac{\pi^4}{90} = 6{,}494$.

Die Konstanten $C_1$ und $C_2$ berechnen sich zu

$$C_1 = 2 \pi C_o^2 h \qquad (3)$$

$$C_2 = C_o h/k \qquad (4)$$

worin $C_o$ die Lichtgeschwindigkeit, h das Wirkungsquantum und k die Boltzmannkonstante sind.

Schreibt man abgekürzt:

$$\max \dot{E} = \sigma T^4 \quad (5)$$

so hat $\sigma$ den Zahlenwert:

$$\sigma = \frac{2 \pi^5 k^4}{15 C_o^2 h^3} = 5{,}680 \cdot 10^{-12} \text{ Watt/cm}^2 \text{ grd}^4$$

$$= 4{,}965 \cdot 10^{-8} \text{ kcal/m}^2\text{h grd}^4$$

Man nennt

$$\sigma \cdot 100^4 = C_s$$

die Strahlungszahl des schwarzen Körpers.

Ist die Strahlungsintensität $I_\lambda$ für alle Wellenlängen $\lambda$ um den konstanten Faktor $\epsilon$ geringer, so ist auch die gesamte Energieabgabe $\dot{E}$ um diesen Faktor, den man das Emissionsverhältnis nennt, geringer und es gilt:

$$\dot{E} = \epsilon \, C_s \left(\frac{T}{100}\right)^4 \quad (6)$$

Die Gleichung 6 nennt man das Stefan-Boltzmann'sche Gesetz. (Joseph Stefan, 1835 - 1893) - (Ludwig Boltzmann, 1844 - 1906)

Ist $\epsilon < 1$, so spricht man von grauer Strahlung. Ist $\epsilon$ außerdem eine Funktion der Wellenlänge $\lambda$, so handelt es sich um selektive Strahlung.

Monochromatische Strahlung liegt vor, wenn die Strahlungsenergie nur innerhalb eines einzigen äußerst engen Wellenlängenbereiches ausgesandt wird.

Diejenige Wellenlänge, bei der die Strahlungsintensität $I_\lambda$ eines grauen Strahlers am größten ist, berechnet man aus der auf Gl. 1 angewendeten Bedingung

$$\frac{dI_\lambda}{d\lambda} = 0 \qquad (7)$$

zu

$$\lambda_{max} = \frac{2896}{T} \qquad (8)$$

wobei T in $^{o}K$ einzusetzen ist und $\lambda_{max}$ in $\mu m = 10^{-6}$ m herauskommt.

Die Gleichung 8 nennt man das Wien'sche Verschiebungsgesetz (Wilhelm Wien, 1864 - 1928).

Die Temperatur der Sonnenoberfläche beträgt rd. $6000^{o}K$. Demnach besitzt der größte Teil des Tageslichtes eine Wellenlänge von rd. 0,48 $\mu m$.

## 12.2 <u>Strahlungsaustausch zwischen Oberflächen fester Körper von bestimmter geometrischer Form.</u>

a) Strahlungsaustausch zwischen zwei planparallelen Flächen, deren Abstand s klein gegen ihre Ausdehnungen $L_1$ und $L_2$ ist.

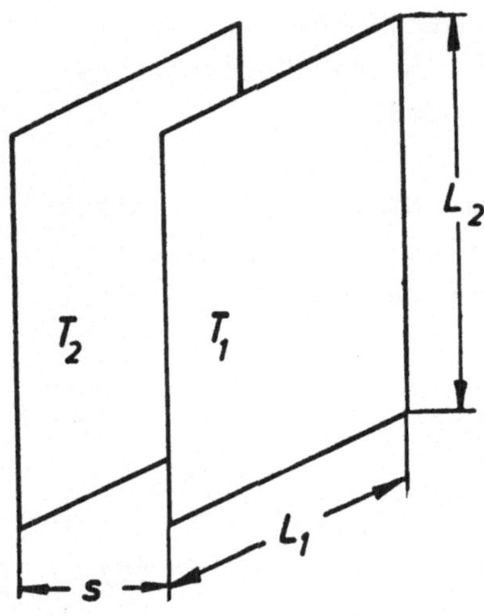

Abb. 2

Die Energie, die von der Fläche 1 in den leeren Raum ausgestrahlt wird ist

$$\dot{E}_1 = \epsilon_1 \, C_1 \, \left(\frac{T_1}{100}\right)^4 \qquad (9)$$

und diejenige, die von der Fläche 2 ausgestrahlt wird, ist

$$\dot{E}_2 = \epsilon_2 \, C_2 \, \left(\frac{T_1}{100}\right)^4 \qquad (10)$$

Der Anteil der Strahlung $\dot{E}_1$, der von der Fläche 2 absorbiert wird, sei

$$\Delta^1 \dot{A}_2 = \dot{E}_1 \, a_2$$

und derjenige, der reflektiert wird

$$\Delta^1 \dot{E}_2 = \dot{E}_1 \, (1-a_2)$$

$a_2$ ist hierin der Absorptionskoeffizient der Fläche 2. Von dem reflektierten Anteil $\Delta^1 \dot{E}_2$ wird der Anteil

$$\Delta^1 \dot{A}_1 = \Delta^1 \dot{E}_2 \, a_1 = \dot{E}_1 \, (1-a_2) \, a_1$$

durch die Fläche 1 absorbiert und der Anteil

$$\Delta^1 \dot{E}_1 = \Delta^1 \dot{E}_2 \, (1-a_1) = \dot{E}_1 \, (1-a_2) \, (1-a_1)$$

wieder zur Fläche 2 zurückgestrahlt.

Hiervon absorbiert die Fläche 2 wieder den Betrag

$$\Delta^2 \dot{A}_2 = \Delta^1 \dot{E}_1 a_2 = \dot{E}_1 (1-a_2) (1-a_1) a_2$$

und sie reflektiert

$$\Delta^2 \dot{E}_2 = \Delta^1 \dot{E}_1 (1-a_2) = \dot{E}_1 (1-a_2)^2 (1-a_1)$$

und so fort.

Demnach erhält die Fläche 1 von der eigenen ausgesandten Strahlung $\dot{E}_1$ die Summe der Beträgt $\Delta^j \dot{A}_1$ wieder zurück:

$$\sum \Delta^j \dot{A}_1 = \dot{E}_1 (1+k+k^2+k^3+\ldots) (1-a_2) a_1$$

worin $k = (1-a_1) (1-a_2)$ ist.

Nun ist

$$1 + k + k^2 + k^3 + \cdots = \frac{1}{1-k} ,$$

so daß

$$\sum \Delta^j \dot{A}_1 = \frac{\dot{E}_1 (1-a_2) a_1}{1-k}$$

ist.

Von der ausgestrahlten Energie der Fläche 2 absorbiert die Fläche 1 den Betrag

$$\Delta^1 \dot{A}_1' = \dot{E}_2 a_1$$

und sie reflektiert

$$\Delta^1 \dot{E}_1' = \dot{E}_2 (1-a_1).$$

Davon absorbiert die Fläche 2

$$\Delta^2 \dot{A}_2' = \dot{E}_2 (1-a_1) a_2$$

und sie reflektiert

$$\Delta^1 \dot{E}_2' = \dot{E}_2 (1-a_1) (1-a_2).$$

Hiervon absorbiert die Fläche 1

$$\Delta^2 \dot{A}_1' = \dot{E}_2 (1-a_1) (1-a_2) a_1$$

und so fort.

Die Summe aller $\Delta^j \dot{A}_1$ ergibt sich zu

$$\sum \Delta^j \dot{A}_1' = \dot{E}_2 (1+k+k^2+k^3+ \dots) a_1$$

$$= \frac{\dot{E}_2 a_1}{1-k}$$

Die insgesamt von der Fläche 1 abgegebene Energie ist dann:

$$\dot{q} = \dot{E}_1 - \Delta^j \dot{A}_1 - \sum \Delta^j \dot{A}_1'$$

$$\dot{q} = \dot{E}_1 - \frac{\dot{E}_1(1-a_2)a_1+\dot{E}_2 a_1}{1-k}$$

oder

$$\dot{q} = \frac{\dot{E}_1 a_2 - \dot{E}_2 a_1}{a_1+a_2-a_1 a_2} \qquad (11)$$

Haben beide Flächen gleiche Temperatur, so ist $\dot{q} = 0$. Daraus folgt mit den Gl. 9 und 10

$$\epsilon_1 \, a_2 = \epsilon_2 \, a_1$$

oder

$$\frac{\epsilon_1}{a_1} = \frac{\epsilon_2}{a_2} \qquad (12)$$

Da $\epsilon_1$ und $\epsilon_2$ beliebig vorgebbar sind, muß das Verhältnis von Emissionszahl $\epsilon$ zur Absorptionszahl a konstant sein.

Die Absolutwerte von $\epsilon$ und a liegen zwischen 0 und 1. Die Forderung, daß das Verhältnis von $\epsilon/a$ für alle möglichen Absolutwertkombinationen konstant sein soll, ist nur zu erfüllen, wenn stets

$$\epsilon_i = a_i \qquad (13)$$

ist.

Gleichung 13, die besagt, daß die Emissionszahl $\epsilon$ gleich der Absorptionszahl a ist, nennt man das Kirchhoff'sche Gesetz.
(Gustav Robert Kirchhoff, 1824 - 1887)

Mit Gleichung 13 folgt schließlich aus 11 für die zwischen den beiden Platten durch Strahlung ausgetauschte Wärmemenge:

$$\dot{q} = \frac{\epsilon_1 \epsilon_2 C_s \left(\frac{T_1}{100}\right)^4 - \epsilon_2 \epsilon_1 C_s \left(\frac{T_2}{100}\right)^4}{\epsilon_1 + \epsilon_2 - \epsilon_1 \epsilon_2}$$

oder

$$\dot{q} = \frac{C_s}{\frac{1}{\epsilon_1} + \frac{1}{\epsilon_2} - 1} \left\{ \left(\frac{T_1}{100}\right)^4 - \left(\frac{T_2}{100}\right)^4 \right\} \qquad (14)$$

Man definiert gewöhnlich noch einen Strahlungskoeffizienten

$$\boxed{\dot{q} = C_{12} \left\{ \left(\frac{T_1}{100}\right)^4 - \left(\frac{T_2}{100}\right)^4 \right\}} \qquad (15)$$

worin dann im Falle planparalleler Platten

$$\boxed{C_{12} = \frac{C_s}{\frac{1}{\epsilon_1} + \frac{1}{\epsilon_2} - 1}} \qquad (16)$$

ist.

$$\dot{Q} = C_{12} A_1 \left\{ \left(\frac{T_1}{100}\right)^4 - \left(\frac{T_2}{100}\right)^4 \right\} \qquad (15\ a)$$

b) Strahlungsaustausch zwischen konzentrischen Flächen.

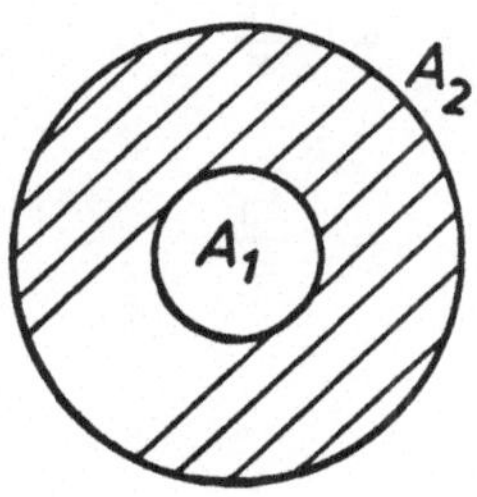


Abb. 3

Für den kombinierten Strahlungskoeffizienten $C_{12}$ erhält man auf analoge Weise wie zuvor unter Berücksichtigung der Tatsache, daß die von $A_2$ ausgehende Strahlung nur zu einem Bruchteil $A_1/A_2$ den Körper 1 trifft.

$$C_{12} = \frac{C_s}{\frac{1}{\epsilon_1} + \frac{A_1}{A_2}\left(\frac{1}{\epsilon_2} - 1\right)} \qquad (17)$$

$$\dot{Q} = A_1\, C_{12} \left\{\left(\frac{T_1}{100}\right)^4 - \left(\frac{T_2}{100}\right)^4\right\} \qquad (17\ a)$$

c) Strahlungsaustausch zwischen Rechteckflächen, deren Abstand s nicht klein gegen ihre Ausdehnungen ist.

$$\dot{Q} = A_1\, \varphi_{12}\, \epsilon_1 \epsilon_2\, C_s \left\{\left(\frac{T_1}{100}\right)^4 - \left(\frac{T_2}{100}\right)^4\right\} \qquad (18)$$

$$\varphi_{12} = \frac{1}{\pi}\left\{\frac{1}{BC} \ln \frac{(1+B^2\ \ 1+C^2)}{1+B^2+C^2} - \frac{2}{B} \text{ arctg } C - \frac{2}{C} \text{ arctg } B\right.$$

$$\left. + \frac{2}{C}\sqrt{1+C^2} \text{ arctg } \frac{B}{\sqrt{1+C^2}} + \frac{2}{B}\sqrt{1+B^2} \text{ arctg } \frac{C}{\sqrt{1+B^2}}\right\} \qquad (18\ a)$$

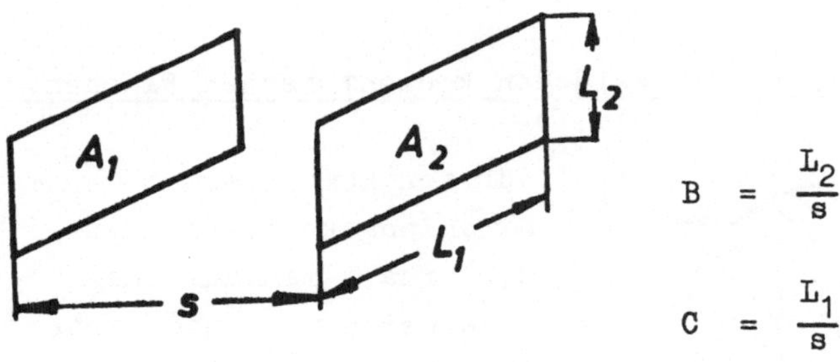


$$B = \frac{L_2}{s}$$

$$C = \frac{L_1}{s}$$

Abb. 4

Die Größe $\varphi_{12}$ nennt man das Winkelverhältnis der beiden Flächen $F_1$ und $F_2$. Es wird durch Aufsummierung aller Teilstrahlungsmengen, die von den Flächenelementen $dA_1$ und $dA_2$ ausgehen und jeweils die gegenüberliegenden Flächen treffen, nach der Formel

$$\varphi_{12} = \frac{1}{\pi} \iint \frac{\cos\varphi_1 \, \cos\varphi_2}{r^2} \, dA_1 \, dA_2 \qquad (19)$$

berechnet. Hierin ist r die Verbindungslinie der Mittelpunkte beider Flächenelemente und $\varphi_1$ bzw. $\varphi_2$ der Winkel zwischen r und der jeweiligen Flächennormalen.

Für Flächenstreifen, also $C \rightarrow \infty$, vereinfacht sich Gl. 18 a zu

$$\varphi_{12} = \frac{\sqrt{1 + B^2} - 1}{B} \qquad (18\ b)$$

## 12.3 Definition eines Wärmeübergangskoeffizienten

$$\dot{Q} = \varphi_{12} \, \epsilon_1 \, \epsilon_2 \, C_s \, A_1 \left( \left(\frac{T_1}{100}\right)^4 - \left(\frac{T_2}{100}\right)^4 \right)$$

$$\dot{Q} = \alpha_{12} A_1 \quad (\vartheta_1 - \vartheta_2)$$

Hieraus folgt

$$\alpha_{12} = \frac{\varphi_{12}\epsilon_1\epsilon_2 C_s}{100} \cdot \frac{\left(\frac{T_1}{100}\right)^4 - \left(\frac{T_2}{100}\right)^4}{\frac{T_1}{100} - \frac{T_2}{100}} \qquad (20)$$

$$\alpha_{12} = \frac{\varphi_{12}\epsilon_1\epsilon_2 C_s}{100} \cdot \left(\left(\frac{T_1}{100}\right)^2 + \left(\frac{T_2}{100}\right)^2\right)\left(\frac{T_1}{100} + \frac{T_2}{100}\right) \qquad (21)$$

Falls $T_1$ von $T_2$ nicht sehr verschieden ist, vereinfacht sich Gleichung 21 mit

$$T_m = \frac{1}{2} \ (T_1 \ + \ T_2) \qquad \text{zu}$$

$$\boxed{\alpha_{12} = 0{,}04 \ \varphi_{12}\epsilon_1\epsilon_2 C_s \left(\frac{T_m}{100}\right)^3} \qquad (22)$$

## 13. Reihenschaltung mehrerer Wärmeübergangswiderstände, Wärmedurchgang

### 13.1 Der Wärmedurchgangskoeffizient

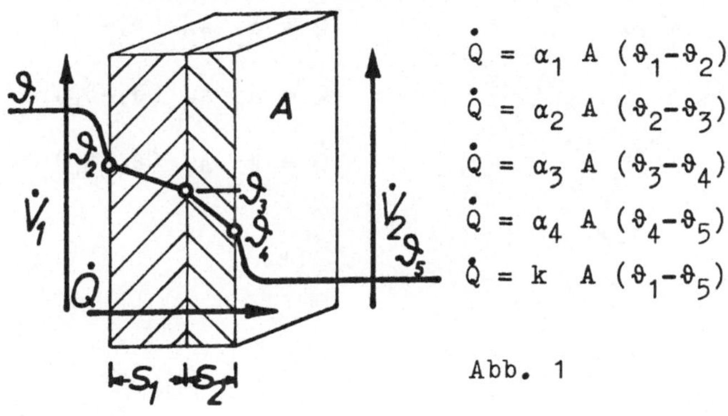


$$\dot{Q} = \alpha_1 \ A \ (\vartheta_1 - \vartheta_2)$$
$$\dot{Q} = \alpha_2 \ A \ (\vartheta_2 - \vartheta_3)$$
$$\dot{Q} = \alpha_3 \ A \ (\vartheta_3 - \vartheta_4)$$
$$\dot{Q} = \alpha_4 \ A \ (\vartheta_4 - \vartheta_5)$$
$$\dot{Q} = k \ A \ (\vartheta_1 - \vartheta_5)$$

Abb. 1

$$\frac{1}{k} = \frac{1}{\alpha_1} + \frac{1}{\alpha_2} + \frac{1}{\alpha_3} + \frac{1}{\alpha_4} \qquad (1)$$

Hierin sind $\alpha_2 = \frac{\lambda_1}{s_1}$ und $\alpha_3 = \frac{\lambda_2}{s_2}$, so daß Gleichung 1 auch geschrieben wird:

$$\frac{1}{k} = \frac{1}{\alpha_1} + \frac{s_1}{\lambda_1} + \frac{s_2}{\lambda_2} + \frac{1}{\alpha_2} \qquad (1\ a)$$

Dimensionen: $\dot{Q}$ [W] oder [KW]

$\vartheta$ [°C]

A [$cm^2$] oder [$m^2$]

k [W/$cm^2$ °C] oder [KW/$m^2$ °C]

$\alpha$ [W/$cm^2$ °C] oder [KW/$m^2$ °C]

$\lambda$ [W/cm °C] oder [KW/m °C]

s [cm] oder [m]

Alte Einheiten: 1 kcal = $\frac{1}{860}$ KWh

1 cal = $\frac{1}{860}$ Wh = 4,18 Ws

Wärmedurchgang durch gekrümmte Flächen.

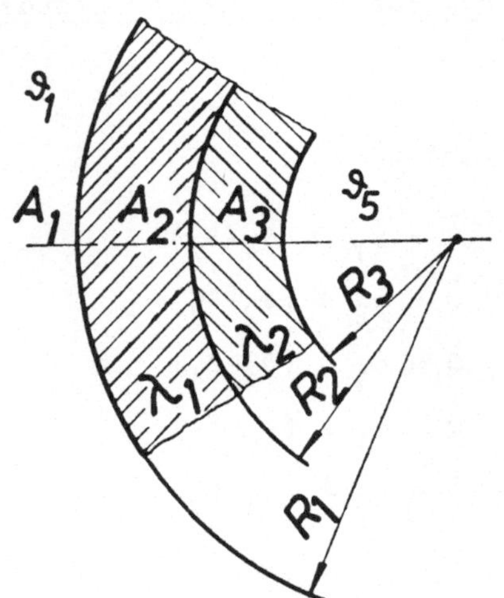


$$\dot{Q} = \alpha_1 A_1 (\vartheta_1 - \vartheta_2)$$

$$\dot{Q} = \alpha_2 A_1 (\vartheta_2 - \vartheta_3)$$

$$\dot{Q} = \alpha_3 A_2 (\vartheta_3 - \vartheta_4)$$

$$\dot{Q} = \alpha_4 A_3 (\vartheta_4 - \vartheta_5)$$

$$\dot{Q} = k\ A_1 (\vartheta_1 - \vartheta_5)$$

Abb. 2

$$\frac{1}{kA_1} = \frac{1}{\alpha_1 A_1} + \frac{1}{\alpha_2 A_1} + \frac{1}{\alpha_3 F_2} + \frac{1}{\alpha_4 F_3}$$

Hierin sind (vgl. Kap. 2, Seite 32):

$$\alpha_2 = \frac{\lambda_2}{R_2 \ln \frac{R_3}{R_2}} \quad \text{und} \quad \alpha_3 = \frac{\lambda_1}{R_1 \ln \frac{R_2}{R_1}}$$

## 13.2 Die mittlere Temperaturdifferenz

### a) Gleichstrom

Wärmebilanz um den Bilanzraum ABCDA:

$$\rho_1 c_1 \dot{V}_1 \vartheta_{1,x} + \rho_2 c_2 \dot{V}_2 \vartheta_{2,x}$$

$$= \rho_1 c_1 \dot{V}_1 \vartheta_{1,x+dx} + \rho_2 c_2 \dot{V}_2 \vartheta_{2,x+dx}$$

$$\rho_1 c_1 \dot{V}_1 (\vartheta_{1,x} - \vartheta_{1,x+dx}) +$$

$$\rho_2 c_2 \dot{V}_2 (\vartheta_{2,x} - \vartheta_{2,x+dx}) = 0$$

$$\vartheta_{1,x+dx} = \vartheta_{1,x} + \frac{d\vartheta_1}{dx}\, dx$$

$$\vartheta_{2,x+dx} = \vartheta_{2,x} + \frac{d\vartheta_2}{dx}\, dx$$

$$\rho_1 c_1 \dot{V}_1 = \dot{W}_1 \quad \text{und} \quad \rho_2 c_2 \dot{V}_2 = \dot{W}_2$$

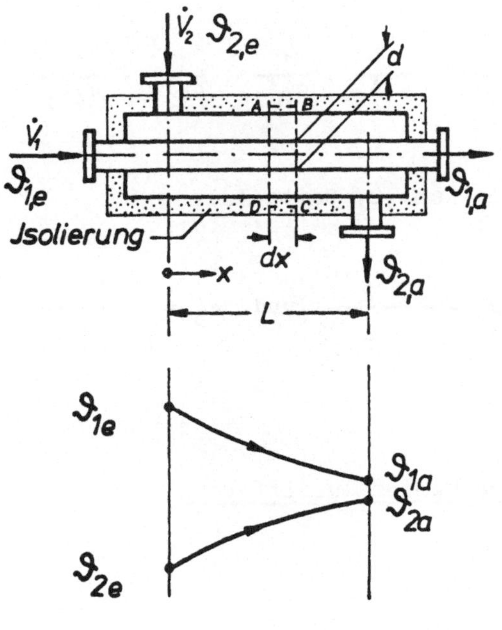


Abb. 3

$$\dot{W}_1 \frac{\partial \vartheta_1}{dx} + \dot{W}_2 \frac{\partial \vartheta_2}{dx} = 0 \qquad (2)$$

**Wärmedurchgang durch das Flächenelement $dA = \pi d \cdot dx$:**

$$d\dot{Q} = k\,(\vartheta_1 - \vartheta_2)\,dA; (d\dot{Q} > 0) \qquad (3)$$

**Verknüpfung** von **Wärmebilanz und Wärmedurchgang** und **Integration:**

$$d\dot{Q} = -\,\dot{W}_1 \frac{d\vartheta_1}{dx}\,dx \qquad \left(\frac{d\vartheta_1}{dx} < 0\right)$$

$$d\dot{Q} = +\,\dot{W}_2 \frac{d\vartheta_2}{dx}\,dx \qquad \left(\frac{d\vartheta_2}{dx} > 0\right)$$

$$d\dot{Q}\left\{\frac{1}{\dot{W}_1} + \frac{1}{\dot{W}_2}\right\} = d\,(\vartheta_2-\vartheta_1)$$

$$\int\limits_{(\vartheta_1-\vartheta_2)\text{ bei } x=0}^{(\vartheta_1-\vartheta_2)\text{ bei } x=L} \frac{d(\vartheta_1-\vartheta_2)}{(\vartheta_1-\vartheta_2)} = -\,k\left\{\frac{1}{\dot{W}_1} + \frac{1}{\dot{W}_2}\right\}\int\limits_{A\text{ bei } x=0}^{A\text{ bei } x=L} dA$$

$$\boxed{\ln\frac{\vartheta_{1a}-\vartheta_{2a}}{\vartheta_{1e}-\vartheta_{2e}} = -\,k\left\{\frac{1}{\dot{W}_1} + \frac{1}{\dot{W}_2}\right\}A} \qquad (4)$$

Nun ist außerdem:

$$\dot{Q} = \dot{W}_1\,(\vartheta_{1e} - \vartheta_{1a})$$

$$\dot{Q} = \dot{W}_2\,(\vartheta_{2a} - \vartheta_{2e})$$

woraus folgt:

$$\frac{1}{\dot{W}_1} + \frac{1}{\dot{W}_2} = \frac{1}{\dot{Q}}\left\{(\vartheta_{1e}-\vartheta_{2e}) - (\vartheta_{1a}-\vartheta_{2a})\right\}$$

Aufgelöst nach $\dot{Q}$ wird mit Gleichung 4:

$$\dot{Q} = kA\,\frac{(\vartheta_{1e}-\vartheta_{2e})-(\vartheta_{1a}-\vartheta_{2a})}{\ln\dfrac{\vartheta_{1e}-\vartheta_{2e}}{\vartheta_{1a}-\vartheta_{2a}}}$$

$$\dot{Q} = kA\cdot\overline{\Delta\vartheta}$$

$$\vartheta_{1e}-\vartheta_{2e} = \Delta\vartheta_{\text{groß}} \text{ und } \vartheta_{1a}-\vartheta_{2a} = \Delta\vartheta_{\text{klein}}$$

$$\overline{\Delta\vartheta} = \frac{\Delta\vartheta_{\text{groß}}-\Delta\vartheta_{\text{klein}}}{\ln \frac{\Delta\vartheta_{\text{groß}}}{\Delta\vartheta_{\text{klein}}}} \quad (6)$$

b) <u>Gegenstrom</u>

Wärmebilanz:

$$\dot{W}_1 \frac{d\vartheta_1}{dx} - \dot{W}_2 \frac{d\vartheta_2}{dx} = 0 \quad (2\ a)$$

Wärmedurchgang:

$$d\dot{Q} = k\ (\vartheta_1 - \vartheta_2)\ dA \quad (3)$$

$$(d\dot{Q} > 0)$$

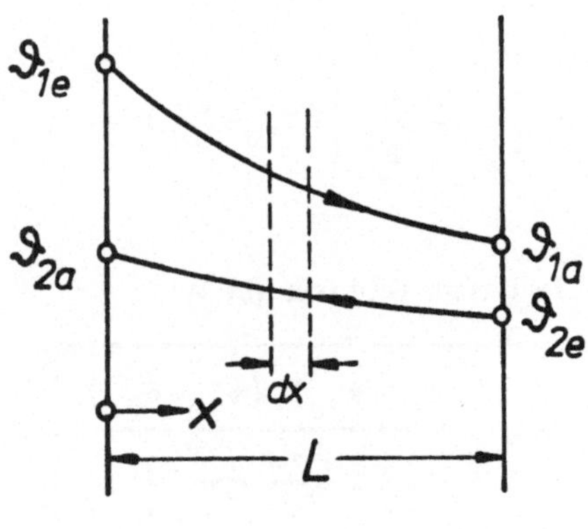


Abb. 4

Verknüpfung von Wärmebilanz und Wärmedurchgang und Integration

$$d\dot{Q} = - \dot{W}_1 \frac{d\vartheta_1}{dx}$$

$$d\dot{Q} = - \dot{W}_2 \frac{d\vartheta_2}{dx}$$

$$d\dot{Q} \left\{ \frac{1}{\dot{W}_1} - \frac{1}{\dot{W}_2} \right\} = d\,(\vartheta_2 - \vartheta_1)$$

$$\int_{(\vartheta_1-\vartheta_2)\,\text{bei}\,x=0}^{(\vartheta_1-\vartheta_2)\,\text{bei}\,x=L} \frac{d(\vartheta_1-\vartheta_2)}{(\vartheta_1-\vartheta_2)} = - k \left\{ \frac{1}{\dot{W}_1} - \frac{1}{\dot{W}_2} \right\} \int_{A\,\text{bei}\,x=0}^{A\,\text{bei}\,x=L} dA$$

$$\boxed{\ln \frac{\vartheta_{1e}-\vartheta_{2a}}{\vartheta_{1a}-\vartheta_{2e}} = - k \left\{ \frac{1}{\dot{W}_1} - \frac{1}{\dot{W}_2} \right\} A} \qquad (4)$$

Nun ist außerdem:

$$\dot{Q} = \dot{W}_1 \, (\vartheta_{1e} - \vartheta_{1a})$$

$$\dot{Q} = \dot{W}_2 \, (\vartheta_{2a} - \vartheta_{2e})$$

woraus folgt:

$$\frac{1}{\dot{W}_1} - \frac{1}{\dot{W}_2} = \frac{1}{\dot{Q}} \left\{ (\vartheta_{1e}-\vartheta_{2a}) - (\vartheta_{1a}-\vartheta_{2e}) \right\}$$

Aufgelöst nach $\dot{Q}$ wird mit Gl. 4

$$\dot{Q} = kA \frac{(\vartheta_{1e}-\vartheta_{2a})-(\vartheta_{1a}-\vartheta_{2e})}{\ln \frac{\vartheta_{1e}-\vartheta_{2a}}{\vartheta_{1a}-\vartheta_{2e}}} \qquad (5)$$

$$\overline{\Delta\vartheta} = \frac{\Delta\vartheta_{groß}-\Delta\vartheta_{klein}}{\ln \frac{\Delta\vartheta_{groß}}{\Delta\vartheta_{klein}}} \qquad (6)$$

Die mittlere Temperaturdifferenz $\overline{\Delta\vartheta}$ wird bei Gleich- und Gegenstrom formal in gleicher Weise berechnet. Im Gegensatz zum Gleichstrom kann jedoch beim Gegenstrom $\vartheta_{2a} > \vartheta_{1a}$ sein. Ein Sonderfall des Gegenstromes liegt dann vor, wenn $\dot{W}_1 = \dot{W}_2$ ist. Dann wird nach Gl. 2 a

$$d\,(\vartheta_1-\vartheta_2) = 0 \quad \text{und} \quad \vartheta_1-\vartheta_2 = \text{const.}$$

$$= \vartheta_{1e}-\vartheta_{2a}$$

$$= \vartheta_{1a}-\vartheta_{2e}$$

$$\vartheta_1 - \vartheta_2 = \overline{\Delta\vartheta} \qquad (6\ a)$$

Wir integrieren nun Gleichung 12 näherungsweise, indem wir den Wärmedurchgangskoeffizienten als zeitlich konstant ansehen und erhalten

$$\frac{\bar{\vartheta} - \vartheta_\infty}{\vartheta_0 - \vartheta_\infty} = e^{-\frac{k\,A}{\rho c V} \cdot t} \tag{13}$$

Nunmehr berechnen wir den inneren Wärmeübergangskoeffizienten $\alpha_i$ nach Gleichung 15, Kap. 3.2.

$$\alpha_i = \frac{\lambda_i}{S} \sqrt{\left(\frac{\pi}{2}\right)^{2\,2} + \frac{4}{\pi} \frac{s^2}{a_i t}} \tag{14}$$

Mit $$\frac{A}{V} = \frac{2}{s}, \tag{15}$$

$$\frac{a_i t}{s^2} = Fo \quad \text{(Fourier-Zahl)} \tag{16}$$

und $$\frac{\alpha_a s}{\lambda_i} = Bi \quad \text{(Biot-Zahl)} \tag{17}$$

wird damit aus Gleichung 13:

$$\boxed{\frac{\bar{\vartheta} - \vartheta_\infty}{\vartheta_0 - \vartheta_\infty} = e^{-\frac{2\,Fo}{\frac{1}{B_i} + \frac{1}{\sqrt{\left(\frac{\pi}{2}\right)^{2\,2} + \frac{4}{\pi}\frac{1}{Fo}}}}} \tag{18}$$

Die Gleichung 18 enthält folgende Grenzfälle:

$$\lim_{Bi \to 0} \frac{\bar{\vartheta} - \vartheta_\infty}{\vartheta_0 - \vartheta_\infty} = e^{-2\,Fo\,Bi} \tag{18 a}$$

Wir integrieren nun Gleichung 12 näherungsweise, indem wir den Wärmedurchgangskoeffizienten als zeitlich konstant ansehen und erhalten

$$\frac{\bar{\vartheta} - \vartheta_\infty}{\vartheta_0 - \vartheta_\infty} = e^{-\frac{k\,A}{\rho c V} \cdot t} \qquad (13)$$

Nunmehr berechnen wir den inneren Wärmeübergangskoeffizienten $\alpha_i$ nach Gleichung 15, Kap. 3.2.

$$\alpha_i = \frac{\lambda_i}{S} \sqrt{\left(\frac{\pi^2}{2}\right)^2 + \frac{4}{\pi}\,\frac{s^2}{a_i t}} \qquad (14)$$

Mit

$$\frac{A}{V} = \frac{2}{s}, \qquad (15)$$

$$\frac{a_i t}{s^2} = Fo \qquad \text{(Fourier-Zahl)} \qquad (16)$$

und

$$\frac{\alpha_a s}{\lambda_i} = Bi \qquad \text{(Biot-Zahl)} \qquad (17)$$

wird damit aus Gleichung 13:

$$\frac{\bar{\vartheta} - \vartheta_\infty}{\vartheta_0 - \vartheta_\infty} = e^{-\frac{2\,Fo}{\frac{1}{Bi} + \frac{1}{\sqrt{\left(\frac{\pi^2}{2}\right)^2 + \frac{4}{\pi}\frac{1}{Fo}}}}} \qquad (18)$$

Die Gleichung 18 enthält folgende Grenzfälle:

$$\lim_{Bi \to 0} \frac{\bar{\vartheta} - \vartheta_\infty}{\vartheta_0 - \vartheta_\infty} = e^{-2\,Fo\,Bi} \qquad (18\ a)$$

$$\lim_{\substack{Bi \to \infty \\ Fo \to 0}} \frac{\bar{\vartheta} - \vartheta_\infty}{\vartheta_0 - \vartheta_\infty} = 1 - \frac{2}{\sqrt{\pi}} \sqrt{Fo} \qquad (18\ b)$$

$$\lim_{\substack{Bi \to \infty \\ Fo \to \infty}} \frac{\bar{\vartheta} - \vartheta_\infty}{\vartheta_0 - \vartheta_\infty} = e^{-\frac{8}{\pi^3}} \cdot e^{-\pi^2 Fo} \qquad (18\ c)$$

Die Gleichungen 18 a und 18 b sind identisch mit den Ergebnissen einer exakten Berechnung. Der Vorfaktor der Gleichung 18 c hat den Zahlenwert 0,771. Aus einer exakten Rechnung würde ein Zahlenwert von $0{,}81 = 8/\pi^2$ folgen. Der Fehler unserer Näherung beträgt also 5 %. Dies ist der maximale Fehler der Näherung überhaupt. Für $Bi < \infty$ wird er geringer und für $Bi \to 0$ verschwindet er ganz.

b) Zylinder ($L \gg d$).

$$\frac{\bar{\vartheta} - \vartheta_\infty}{\vartheta_0 - \vartheta_\infty} = e^{-\dfrac{4\ Fo}{\dfrac{1}{Bi} + \dfrac{1}{\sqrt{(5{,}78)^2 + \frac{4}{\pi} \frac{1}{Fo}}}}} \qquad (19)$$

c) Kugel

$$\frac{\bar{\vartheta} - \vartheta_\infty}{\vartheta_0 - \vartheta_\infty} = e^{-\dfrac{6\ Fo}{\dfrac{1}{Bi} + \dfrac{1}{\sqrt{(\frac{2}{3}\pi^2)^2 + \frac{4}{\pi} \frac{1}{Fo}}}}} \qquad (20)$$

In den Gleichungen 19 und 20 sind die Biot'sche und die Fourier'sche Zahl jeweils mit dem Zylinder- bzw. Kugeldurchmesser d gebildet

$$Bi = \frac{\alpha_a d}{\lambda_i} \quad \text{und} \quad Fo = \frac{a_i t}{d^2}$$

# 14. Stoffübertragung durch stationäre Diffusion an ruhende binäre Gemische

## 14.1 Grundgleichungen der Diffusion

In einem ruhenden binären Gemisch beobachtet man eine Diffusion der beiden Komponenten 1 und 2, wenn örtliche Konzentrationsunterschiede vorhanden sind.

Das Grundgesetz der molekularen Diffusion lautet:

$$\dot{\tilde{n}}_1 = - \tilde{\rho} \cdot \delta \cdot \frac{\partial \tilde{x}_1}{\partial z} + \dot{\tilde{n}} \, \tilde{x}_1 \qquad (1)$$

$$\dot{\tilde{n}}_2 = - \tilde{\rho} \cdot \delta \cdot \frac{\partial \tilde{x}_2}{\partial z} + \dot{\tilde{n}} \, \tilde{x}_2 \qquad (1\ a)$$

Hierin sind

$\dot{\tilde{n}}_1$ [kmol/m²h], $\dot{\tilde{n}}_2$ die Molenstromdichten,

$\tilde{\rho}$ [kmol/m³] die molare Dichte des Gemisches,

$\tilde{x}_1, \tilde{x}_2$ die Molenbrüche der Komponenten 1 und 2,

$\dot{\tilde{n}} = \dot{\tilde{n}}_1 + \dot{\tilde{n}}_2$ der resultierende Molenstrom.

Es gilt ferner

$$\tilde{x}_1 + \tilde{x}_2 = 1 \quad , \qquad (2)$$

da

$$\tilde{x}_1 = \frac{\tilde{\rho}_1}{\tilde{\rho}_1+\tilde{\rho}_2} \text{ und } \tilde{x}_2 = \frac{\tilde{\rho}_2}{\tilde{\rho}_1+\tilde{\rho}_2}$$

ist, worin $\tilde{\rho}_1$ und $\tilde{\rho}_2$ die Anzahl der Mole der Komponenten 1 bzw. 2 je Volumeneinheit sind.

Aus den Molenstromdichten lassen sich mit der Molmasse M [kg/kmol] auch die Massenstromdichten $\dot{n}_1$, $\dot{n}_2$ bestimmen:

$$\dot{n}_1 = \dot{\tilde{n}}_1 \, M_1 \quad [\text{kg/m}^2\text{h}] \tag{3}$$

$$\dot{n}_2 = \dot{\tilde{n}}_2 \, M_2 \quad [\text{kg/m}^2\text{h}] \tag{3 a}$$

Die molare Dichte $\tilde{\rho}$ [kmol/m$^3$] hängt mit der Massendichte $\rho$ [kg/m$^3$] wie folgt zusammen:

$$\tilde{\rho} = \tilde{\rho}_1 + \tilde{\rho}_2$$

$$\rho = \tilde{\rho}_1 \, M_1 + \tilde{\rho}_2 \, M_2$$

$$\rho = \tilde{\rho} \left\{ \tilde{x}_1 \, M_1 + \tilde{x}_2 \, M_2 \right\} \tag{4}$$

Die Gl. 4 definiert zugleich die mittlere Molmasse des Gemisches:

$$M_{12} \equiv \tilde{x}_1 \, M_1 + \tilde{x}_2 \, M_2 \tag{5}$$

und es gilt:

$$\rho = \tilde{\rho} \, M_{12} \tag{4 a}$$

Zwischen den Molenbrüchen $\tilde{x}_1$, $\tilde{x}_2$ und den Gewichtsprozenten $x_1$, $x_2$ besteht folgender Zusammenhang:

$$\tilde{x}_1 = \frac{\tilde{\rho}_1}{\tilde{\rho}_1+\tilde{\rho}_2}$$

$$x_1 = \frac{\tilde{\rho}_1 M_1}{\tilde{\rho}_1 M_1+\tilde{\rho}_2 M_2} = \frac{\tilde{x}_1 M_1}{\tilde{x}_1 M_1+\tilde{x}_2 M_2} = \frac{\tilde{x}_1}{\tilde{x}_1+(1-\tilde{x}_1)\frac{M_2}{M_1}}$$

$$x_1 = \tilde{x}_1 \frac{M_1}{M_{12}} \quad \text{und} \quad x_2 = \tilde{x}_1 \frac{M_2}{M_{12}} \tag{6}$$

oder jeweils nach den Molenbrüchen aufgelöst:

$$\tilde{x}_1 = \frac{\frac{x_1}{M_1}}{\frac{x_1}{M_1}+\frac{x_2}{M_2}} = \frac{x_1}{x_1+(1-x_1)\frac{M_1}{M_2}}$$

(6 a)

$$\tilde{x}_2 = \frac{\frac{x_2}{M_2}}{\frac{x_1}{M_1}+\frac{x_2}{M_2}} = \frac{x_2}{x_2+(1-x_2)\frac{M_2}{M_1}}$$

## 14.2 Äquimolare Diffusion

Ist der resultierende Molenstrom $\dot{\tilde{n}} = \dot{\tilde{n}}_1 + \dot{\tilde{n}}_2$ gleich null, so spricht man von äquimolarer Diffusion. Die Gleichungen 1 und 1 a vereinfachen sich dann zu

$$\dot{\tilde{n}}_1 = - \tilde{\rho} \cdot \delta \cdot \frac{\partial \tilde{x}_1}{\partial z} \tag{7}$$

$$\dot{\tilde{n}}_2 = - \tilde{\rho} \cdot \delta \cdot \frac{\partial \tilde{x}_2}{\partial z} \tag{7 a}$$

Äquimolare Diffusion liegt vor, wenn die Trennfläche der beiden Diffusionsräume für beide Komponenten in gleicher Weise durchlässig ist.

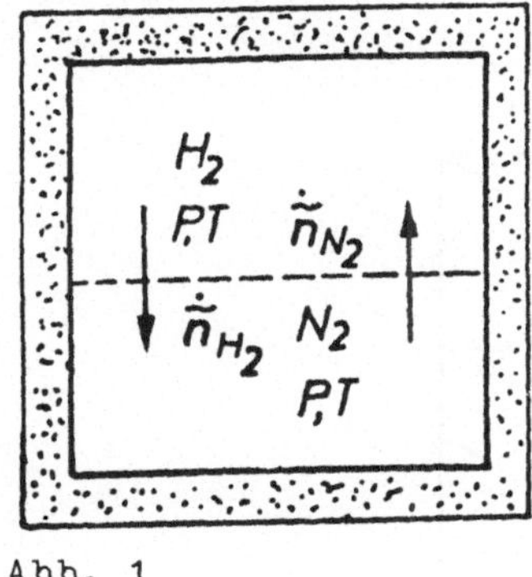


Abb. 1

In dem abgebildeten Kasten, der durch ein grobmaschiges Sieb unterteilt ist, und der in beiden Kammern den gleichen Gesamtdruck und die gleiche Temperatur hat, ist wegen

$$\tilde{\rho} = \frac{P}{\tilde{R}T} = \text{const.}$$

$$\dot{\tilde{n}}_{H_2} + \dot{\tilde{n}}_{N_2} = 0;$$

d.h., es wandern pro Zeit- und Flächeneinheit genau so viel Moleküle $H_2$ von oben nach unten, wie $N_2$-Moleküle von unten nach oben.

Zur Berechnung des örtlichen und zeitlichen Verlaufs der Konzentrationsfelder müssen wir nun die Gleichungen 7, 7 a mit den entsprechenden Massenbilanzen verknüpfen.

In einem Volumenstreifen mit dem Inhalt f dz befinden sich $d\tilde{N}_1$ Mole vom Stoff 1 und $d\tilde{N}_2$ Mole vom Stoff 2. Diese Molmengen stehen mit den Molenbrüchen $\tilde{x}_1$ bzw. $\tilde{x}_2$ in folgendem Zusammenhang:

$$d\tilde{N}_1 = \tilde{\rho}_1 \, dV \qquad (8\text{ a})$$

$$= \frac{\tilde{\rho}_1}{\tilde{\rho}} \tilde{\rho} \, dV \qquad (8\text{ b})$$

$$d\tilde{N}_1 = \tilde{x}_1 \, \tilde{\rho} \, f \, dz \qquad (8\ c)$$

$$d\tilde{N}_2 = \tilde{x}_2 \, \tilde{\rho} \, f \, dz \qquad (9)$$

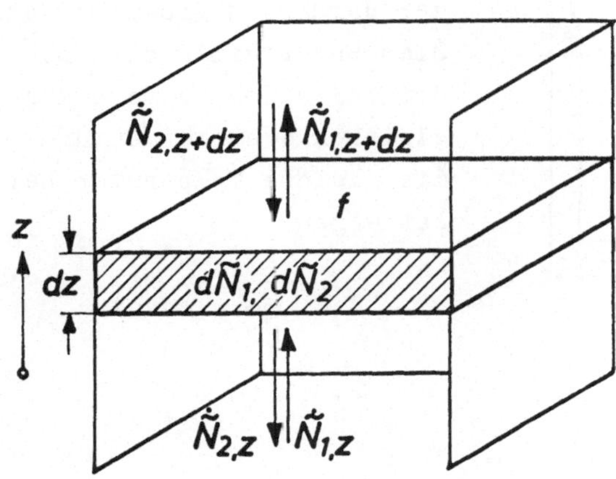


Abb. 2

Die Massenbilanz für die Komponente 1 lautet nun:

$$d\tilde{N}_{1,t+dt} - d\tilde{N}_{1,t} = (\dot{\tilde{N}}_{1,z} - \dot{\tilde{N}}_{1,z+dz}) \, dt, \qquad (10)$$

worin

$$\dot{\tilde{N}}_1 = f \, \dot{\tilde{n}}_1$$

ist.

Nun ist ferner:

$$d\tilde{N}_{1,t+dt} = d\tilde{N}_{1,t} + \frac{\partial(d\tilde{N}_1)}{\partial t} \, dt \qquad (11)$$

und

$$\dot{\tilde{N}}_{1,z+dz} = \dot{\tilde{N}}_{1,z} + \frac{\partial \dot{\tilde{N}}_1}{\partial z} \, dz \qquad (12)$$

Dies eingesetzt liefert:

$$\frac{\partial(d\tilde{N}_1)}{\partial t}\, dt = - \frac{\partial \dot{\tilde{N}}_1}{\partial z}\, dz\, dt \qquad (13)$$

Mit den Gleichungen 8 c und 10 a folgt hieraus:

$$\tilde{\rho}\, \frac{\partial \tilde{x}_1}{\partial t} = - \frac{\partial \dot{\tilde{n}}_1}{\partial z} \quad \text{und} \qquad (14\ a)$$

analog $$\tilde{\rho}\, \frac{\partial \tilde{x}_2}{\partial t} = - \frac{\partial \dot{\tilde{n}}_2}{\partial z} \qquad (14\ b)$$

Eliminieren wir in diesen Gleichungen jeweils die rechte Seite mit Hilfe der Gleichungen 7, 7 a, die wir zu diesem Zweck nach z ableiten, so erhalten wir die Differentialgleichungen für die zeitlich und örtlich veränderlichen Konzentrationsfelder $\tilde{x}_1(t,z)$ und $\tilde{x}_2(t,z)$:

$$\frac{\partial \tilde{x}_1}{\partial t} = \delta\, \frac{\partial^2 \tilde{x}_1}{\partial z^2} \qquad (15\ a)$$

$$\frac{\partial \tilde{x}_2}{\partial t} = \delta\, \frac{\partial^2 \tilde{x}_2}{\partial z^2} \qquad (15\ b)$$

Wir erkennen, daß diese Differentialgleichungen formal identisch sind mit der Differentialgleichung 3 in Kap. 3 zur Berechnung zeitlich und örtlich veränderlicher Temperaturfelder, wenn man anstelle von $\tilde{x}$ die Temperatur $\vartheta$ und anstelle von $\delta$ die Temperaturleitfähigkeit a einsetzt. Die Lösung eines äquimolaren Diffusionsproblems ist daher formal identisch mit der Lösung eines Wärmeleitproblems, wenn die gleichen Randbedingungen vorliegen.

## 14.3 Einseitige Diffusion

Ist die Trennfläche der Diffusionsräume nur für eine der beiden Komponenten durchlässig (semipermeable Wand), so ist einer der beiden Diffusionsströme, z.B. $\dot{n}_2$ gleich null.

Dies ist u.a. bei der Verdunstung von Flüssigkeiten, bei der Absorption von Gasen, bei der Auflösung von Feststoffen in Flüssigkeiten etc. der Fall.

Wir betrachten als Beispiel die stationäre und isotherme Verdunstung von Wasser in Luft. Da die Wasseroberfläche (z=0) für Luft undurchlässig ist, folgt

$$\dot{\tilde{n}}_{Luft} = \dot{\tilde{n}}_2 = 0$$

Nun ist aber

$$\dot{\tilde{n}} = \dot{\tilde{n}}_{Luft} + \dot{\tilde{n}}_{H_2O},$$

woraus für diesen Fall folgt:

$$\dot{\tilde{n}}_{H_2O} = \dot{\tilde{n}}_1 = \dot{\tilde{n}}$$

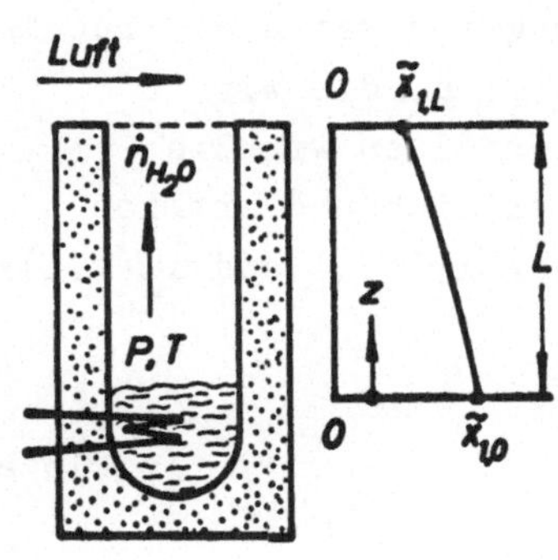


Abb. 2

Die Gleichung 1 geht damit über in:

$$\dot{\tilde{n}}_1 = - \tilde{\rho} \cdot \delta \cdot \frac{\partial \tilde{x}_1}{\partial z} + \dot{\tilde{n}}_1 \, \tilde{x}_1$$

oder

$$\dot{\tilde{n}}_1 = - \frac{\tilde{\rho} \delta}{1-\tilde{x}_1} \, \frac{\partial \tilde{x}_1}{\partial z}$$

oder

$$\dot{\tilde{n}}_1 = \tilde{\rho}\,\delta\,\frac{\partial \ln(1-\tilde{x}_1)}{\partial z} = \tilde{\rho}\,\delta\,\frac{\partial \ln \tilde{x}_2}{\partial z} \qquad (\varepsilon)$$

Wir entnehmen der Gleichung 8, daß im Falle der einseitigen Diffusion des Wassers der Molenstrom des Wassers dem logarithmischen Gefälle des Molenbruches der Luft proportional ist.

Gleichung 8 integriert ergibt:

$$\boxed{\dot{\tilde{n}}_1 = \frac{\tilde{\rho}\delta}{L}\ln\frac{1-\tilde{x}_{1,L}}{1-\tilde{x}_{1,0}}} \qquad (8\ a)$$

Bei der Diffusion von Gasen wird der Molenbruch häufig mit Hilfe des Dalton'schen Gesetzes durch den Partialdruck ausgedrückt. Nach Dalton gilt:

$$\tilde{x}_1 = \frac{P_1}{P} \quad \text{und} \quad \tilde{x}_2 = \frac{P_2}{P} \qquad (9)$$

Ferner ist noch $P = \tilde{\rho}\cdot\tilde{R}\cdot T$ nach dem idealen Gasgesetz. Damit hat die Gl. 8 a auch die Form:

$$\dot{\tilde{n}}_1 = \frac{P\delta}{\tilde{R}TL}\ln\frac{P-P_{1,L}}{P-P_{1,0}} \qquad (8\ b)$$

Multipliziert man noch beide Seiten der Gl. 8 b mit der Molmasse $M_1$, so folgt:

$$\dot{n}_1 = \frac{P\delta}{R_1TL}\ln\frac{P-P_{1,L}}{P-P_{1,0}} \qquad (8\ c)$$

$\tilde{R}$ ist die allgemeine Gaskonstante [J/kmol·grd] und $R_1$ die spezifische: $R_1 = \tilde{R}/M_1$.

Bei der Verdunstung einer Flüssigkeit in ein Gas ist der Dampfpartialdruck an der Flüssigkeitsoberfläche ($P_{1,0}$) gleich dem Sattdampfdruck bei Flüssigkeitsoberflächentemperatur.

## 15. Stoffübertragung durch stationäre Diffusion an laminar und turbulent strömende Flüssigkeiten und Gase.

Eine strenge Behandlung dieser Vorgänge ist mit relativ großem mathematischem Aufwand verbunden. Für die meisten technischen Zwecke genügt jedoch eine nachfolgend beschriebene Näherungsmethode, die darauf beruht, daß man die Stoffübertragung als einen Vorgang auffaßt, der dem der Wärmeübertragung in erster Näherung völlig analog ist. Man denkt sich zu diesem Zweck den gesamten Wärmeübergangswiderstand bzw. den gesamten Stoffübergangswiderstand wie übrigens auch den gesamten Reibungswiderstand auf jeweils eine dünne, wandnahe Flüssigkeits- bzw. Gasschicht konzentriert. In der Abb. 1 sei dies am Beispiel der überströmten Platte dargestellt.

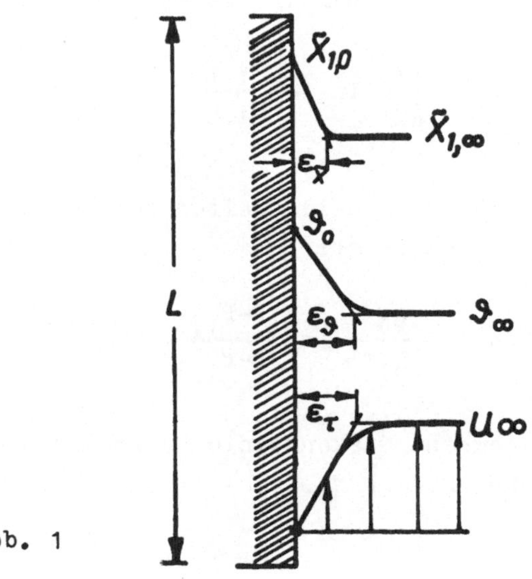


Abb. 1

Innerhalb dieser wandnahen Schichten soll jeweils stationärer molekularer Transport herrschen, d.h. es gelten die Gesetze:

$$\dot{q} = \frac{\lambda}{\epsilon_\vartheta} (\vartheta_0 - \vartheta_\infty) \qquad \text{für den Wärmefluß} \qquad (1)$$

$$\dot{\tilde{n}}_1 = \frac{\tilde{\rho}\delta}{\epsilon_{\tilde{x}}} (\tilde{x}_{1,0} - \tilde{x}_{1,\infty}) \qquad \text{für die äquimolaren Diffusionsströme} \qquad (2)$$

bzw.

$$\dot{\tilde{n}}_1 = \frac{\tilde{\rho}\delta}{\epsilon_{\tilde{x}}} \ln \frac{1-\tilde{x}_{1,\infty}}{1-\tilde{x}_{1,0}} \qquad \text{für den einseitigen Diffusionsstrom} \qquad (2\ a)$$

$$\tau = \frac{\eta}{\epsilon_\tau} (u_\infty - o) \qquad \text{für die Wandschubspannung} \qquad (3)$$

Von der Wandschubspannung wissen wir, daß sie eine Funktion der Reynoldszahl ist, die wir üblicherweise in der Form eines Widerstandsbeiwertes darstellen. Aus Gleichung 3 folgt:

$$\frac{\tau}{\rho u_\infty^2} = \frac{\nu}{u_\infty L} \cdot \frac{L}{\epsilon_\tau}$$

oder mit

$$\frac{\tau}{\rho u_\infty^2} = \xi \text{ und } \frac{u_\infty L}{\nu} = Re_L$$

$$\boxed{\frac{L}{\epsilon_\tau} = Re_L\, \xi = f_\tau\,(Re_L)} \qquad (4)$$

Vom Wärmeübergangskoeffizienten

$$\alpha = \frac{\dot{q}}{\vartheta_o - \vartheta_\infty}$$

wissen wir, daß er eine Funktion der Reynoldszahl und der Prandtlzahl ist. Aus Gleichung 1 folgt für die Nußeltzahl:

$$\frac{\alpha L}{\lambda} = Nu_L = \frac{L}{\epsilon_\vartheta} \quad .$$

und daraus

$$\boxed{\frac{L}{\epsilon_\vartheta} = f_{Nu_L} \quad (Re_L, Pr)} \tag{5}$$

Hierin ist die Prandtlzahl der Quotient aus Viskosität und Temperaturleitfähigkeit

$$Pr \equiv \frac{\nu}{a} \tag{6}$$

Analog hierzu bilden wir nun einen Stoffübergangskoeffizienten

$$\beta \equiv \frac{\dot{\tilde{n}}_1}{\tilde{\rho}(\tilde{x}_{1,0} - \tilde{x}_{1,\infty})} = \frac{\dot{\tilde{n}}_2}{\tilde{\rho}(\tilde{x}_{2,\infty} - \tilde{x}_{2,0})} \tag{7}$$

für den äquimolaren Stoffübergang, bzw.

$$\beta_1 \equiv \frac{\dot{\tilde{n}}_1}{\tilde{\rho} \ln \frac{1-\tilde{x}_{1,\infty}}{1-\tilde{x}_{1,0}}} \tag{8}$$

für den einseitigen Stoffübergang.

Die dimensionslose Stoffübergangszahl

$$\frac{\beta L}{\delta} \quad \text{bzw.} \quad \frac{\beta_1 L}{\delta}$$

wird Sherwoodzahl Sh bzw. $Sh_1$ genannt.

Aus Gleichung 2 bzw. 3 folgt nun

$$Sh_L = Sh_{L,1} = \frac{L}{\epsilon_{\tilde{x}}}$$

So wie die Nußeltzahl eine Funktion der Reynoldszahl und der Prandtlzahl ist, ist nun die Sherwoodzahl eine Funktion der Reynoldszahl und der sog. Schmidtzahl

$$Sc = \frac{\nu}{\delta}$$

Die Schmidtzahl ist der Quotient von Viskosität und Diffusionszahl. Damit folgt aus Gleichung 2:

$$\boxed{\frac{L}{\epsilon_{\tilde{x}}} = f_{Sh_L} \; (Re_L, \; Sc)} \qquad (9)$$

Das Theorem von der Analogie zwischen Wärme- und Stoffübergang besagt nun, daß die Funktionen $f_{Nu}$ und $f_{Sh}$ identisch sind:

$$\boxed{f_{Nu_L} = f_{Sh_L}} \qquad (10)$$

Anmerkung:

Für Pr = Sc = 1 (und glatte Oberfläche) ist $\epsilon_\vartheta = \epsilon_{\tilde{x}} = \epsilon_\tau$. In diesem Fall gilt die noch weitergehende Analogie:

$$f_{Nu_L} = f_{Sh_L} = f_\tau$$

Gilt z.B. für die laminare Plattengrenzschichtströmung

$$Nu_L = 0{,}664 \sqrt{Re_L} \sqrt[3]{Pr}$$

im Falle des Wärmeübergangés, so gilt für den Stoffübergang unter gleichen Randbedingungen

$$Sh_L = Sh_{L,1} = 0{,}664 \sqrt{Re_L} \sqrt[3]{Sc}.$$

In der gleichen Weise können auch in all den übrigen bekannten Wärmeübergangsgleichungen die Nußeltzahlen durch die Sherwoodzahlen und die Prandtlzahlen durch die Schmidtzahlen ersetzt werden, wodurch man dann die entsprechenden Stoffübergangsgleichungen erhält.

Anmerkung:

Die formale Analogie zwischen Wärme- und Stoffübertragung gilt im allgemeinen nur näherungsweise, jedoch ist diese näherungsweise Gültigkeit für die meisten technischen Zwecke ausreichend.

Die formale Analogie gilt streng, wenn es sich um äquimolaren Stoffaustausch bei gleichen Molmassen $M_1$ und $M_2$ der beiden Komponenten handelt.

# uni—texte

## Studienbücher

**K. Brinkmann, Einführung in die elektrische Energiewirtschaft**
für Elektrotechniker, Maschinenbauer, Verfahrenstechniker, Wirtschaftsingenieure und Betriebswirtschaftler (im 2. Studienabschnitt)

**G. Frühauf, Praktikum Elektrische Meßtechnik**
für Elektrotechniker (3. und 4. Semester)

**H. Gräser, Biochemisches Praktikum**
für Biologen, Chemiker, Pharmazeuten und Mediziner (im 2. Studienabschnitt)

**E. Henze / H. H. Homuth, Einführung in die Informationstheorie**
für Mathematiker, Physiker und Elektrotechniker (3. Semester)

**R. Jötten / H. Zürneck, Einführung in die Elektrotechnik I**
für Elektrotechniker, Maschinenbauer und Wirtschaftsingenieure
(1. bis 3. Semester)

**G. Kempter, Organisch-chemisches Praktikum**
für Chemiker, Biologen und Mediziner (3. Semester)

**L. D. Landau / E. M. Lifschitz, Mechanik**
für Mathematiker und Physiker (2. und 3. Semester)

**W. Leonhard, Wechselströme und Netzwerke**
für Elektrotechniker (3. Semester)

**W. Leonhard, Einführung in die Regelungstechnik, Lineare Regelvorgänge**
für Elektrotechniker, Physiker und Maschinenbauer (5. Semester)

**W. Leonhard, Einführung in die Regelungstechnik, Nichtlineare Regelvorgänge**
für Elektrotechniker, Physiker und Maschinenbauer (6. Semester)

**K. Mathiak / P. Stingl, Gruppentheorie**
für Chemiker, Physiko-Chemiker und Mineralogen (ab 5. Semester)

**K.-A. Reckling, Mechanik I, II, III**
für Studenten der Ingenieurwissenschaften (1. und 2. Semester)

**K. Torkar / H. Krischner, Rechenseminar in Physikalischer Chemie**
für Chemiker, Verfahrenstechniker und Physiker (ab 3. Semester)

**M. Toussaint / K. Rudolph, Programmierte Aufgaben zur linearen Algebra und analytischen Geometrie**
für Mathematiker und Physiker (ab 1. Semester)